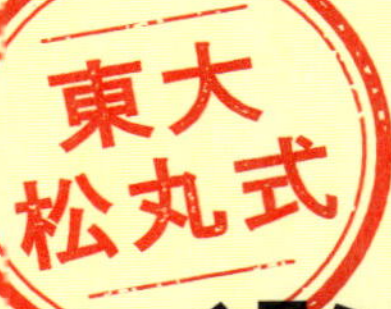

楽しみながら
考える力がつく!

数字ナゾトキ

MATH NAZO

松丸亮吾

WANIBOOKS

1 はじめに

「なんで算数・数学の勉強をするんだろう?」

勉強をしろ、と言う人は多いけど、なんで勉強するかを教えてくれる人はあんまりいない。
僕が小さいときに一番知りたかったことを、そして大人になった今の僕だからこそわかることを、これから学びに向かう全ての人に伝えたい。

その一心で、子どもたちも楽しく取り組めるよう「数学的な思考力」と「ナゾトキ」をかけ合わせた本を作りました。
数学的な思考力は算数・数学だけに役立つ力ではなく、社会に出る全ての人に必要となる力。苦手意識があって算数・数学に取り組んでこなかったという大人の方も本書をきっかけに、伸ばすべき力を見定めてみてください。

ともあれ一番大事なのは、自分自身が楽しめること。
この本は『数字ナゾトキ』というタイトルですが、問題に飽きないよう、数字だけにとどまらず「数学的な思考力」が試される多種多様な問題を出題していきます。
まずは難しいことを考えずにナゾを解いてみましょう!

松丸亮吾

数字ナゾトキって？
あー算数つまんない
やる気出ないー
今やらないと、
将来困るわよ！
小学５年生
まなぶ
お母さん
かず子
つるかめ算とか
円周率とかさぁ…
どう将来の
役に立つの？
それは…
うーん
言われてみれば
ほら、役に
立たないんじゃん
やーめた！
コラ！
ちょっと
待った！
!?

実際、
つるかめ算とか
円周率は使わない
かもしれない
でも、算数や数学の
勉強の目的は
そこじゃないんだ
東大ナゾトキ作家
松丸亮吾

じゃあなんで
勉強するの？
なんかきた…

学習指導要領を見てみると、
勉強の目標の1つとして
こう書かれている
「基本の知識と技能を身につけて、日常生活のさまざまな問題を解決するために必要となる思考力・判断力・表現力を育むこと」
うーん…

ああごめん、つまり
習ったことそのものより、
勉強で身につく
「考える力・姿勢」
こそが将来役立つ
ということなんだ

問題が出題されて、
それを解く
実はこれって、
将来のシミュレー
ションなんだよ

将来やることの
練習になるってこと？

そう
将来どんな仕事についても、
必ず困った問題にぶつかる
そこでうまく対処できるかは、
勉強を通して「考える力・姿勢」を
身につけていたかが鍵になるんだ
六法
100

でも、勉強
つまらなくて…
そんな君のために、
楽しみながら解ける
「数字ナゾトキ」を
用意したよ
ナゾトキ!?
解いてみたい!
勉強は!?
大丈夫!
これはただのナゾトキ問題ではなく、
算数脳を鍛えるのはもちろん、
「想像力」「多角的思考力」「発想力」
「試行錯誤力」「説明力」が必要な
「考える力」を鍛える問題なんだ
さあ、さっそく解いてみよう!
よーし!

CONTENTS

本書の使い方

問題を解くときは必ず、
答えだけでなく理由も含めてお答えください。
QUESTIONの次のページにヒントが記載されています。
まずはヒントを見ないで解けるか挑戦し、
どうしてもわからない場合は
ヒントページを参考に問題を解いてみてください。

解答の目安
問題を解くための
目安の時間です。
この時間はヒントを見ずに
考えてみてください。

正答率
大人と小学生
それぞれに問題を
解いてもらい、
その正答率を
記載しています。

能力チャート
この問題を解くのに
必要な能力を5段階で
表しています。

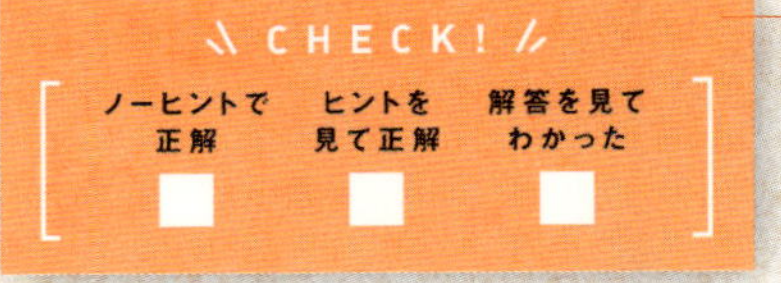

正解チェック
どの段階で問題が解けたか、
ANSWERページに記入しておきましょう。
最後の「チェックシート」で正解した
問題の点数を合計し、能力を分析します。

第 1 章

想像力

この章では、
頭の中で状況を思い描き、
脳内で正しく情報を整理するための
「想像力」が求められます。

思わず紙に書いて
整理したくなるような問題が
多く出題されますが、
できるだけ紙に書くことはせず、
頭の中だけで情報を
整理することを心がけましょう。

なぜ想像力が必要？

さまざまな意味合いのある言葉ですが、
この本では「頭の中で物事を思い浮かべ、
脳内で情報を整理する力」を想像力としています。
この力が鍛えられていることで、
以下のような良い効果があります。

算数や数学では…

- いくつかのステップに分けられる、複雑な論理展開が求められる問題で、自分が今何を考えていたのか、何を計算していたのかを忘れず混乱しなくなる
- 計算を頭の中で処理でき、計算の途中で出てくる数字も記憶しておけるので、暗算に強くなる
- 立体図形など、複雑な空間をイメージできる

社会や日常生活では…

- 2つ以上の仕事を頭の中で整理して効率よくこなせる
- 読んだ内容を脳内にとどめておくことができるので、文章の内容を理解するのに時間がかからない
- 頭に浮かんだ内容を忘れないため、文章にまとめることが得意になる
- 多くの情報が飛び交う会話の中でも情報が整理でき、会話の流れを追って的確な返事ができる

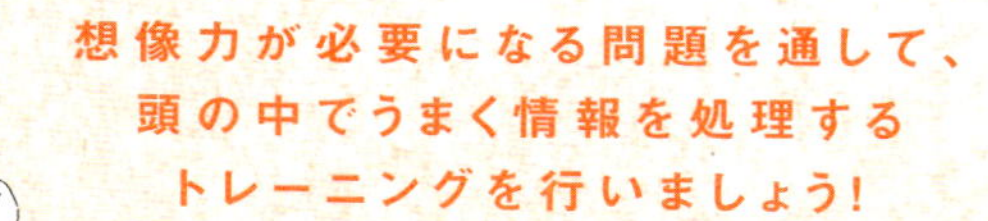

QUESTION

例題

解答の目安
［3分］

現れる4文字の言葉は何でしょう？

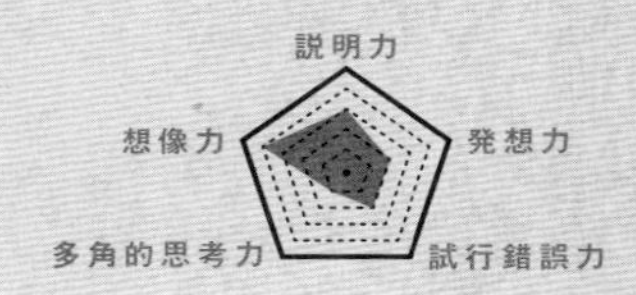

ANSWER

せいかい

この問題では、左から3つのブロックを押すことで、右の穴にブロックが1つずつ順番に落ちていく、そのイメージをできるかが最大のポイントでした。
このとき後ろのブロックが引っかかるため、ブロックが回転して落ちることはありません。
全てのブロックを落とすと下図のようになり、ブロックで隠されていない部分で「せいかい」という言葉が現れます。
よって、正解は「せいかい」でした!

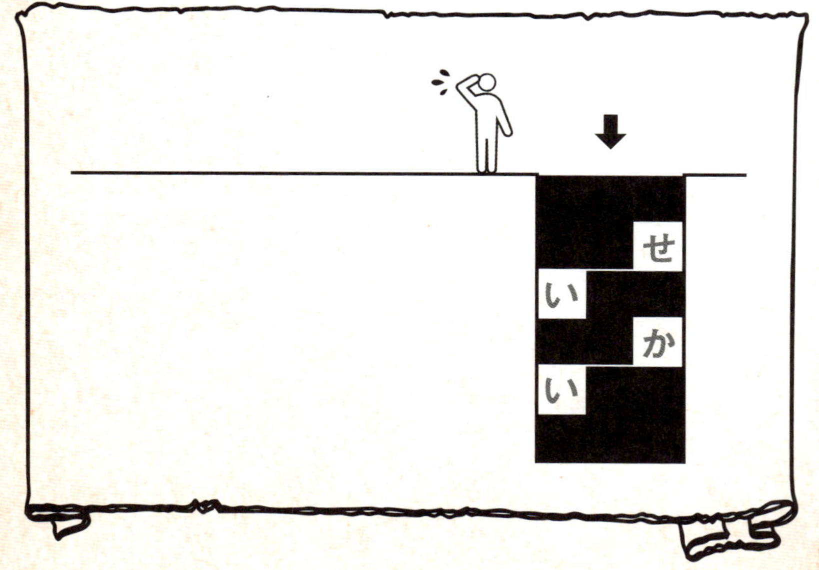

QUESTION

01

解答の目安
［5分］

この問題の正解は何でしょう？

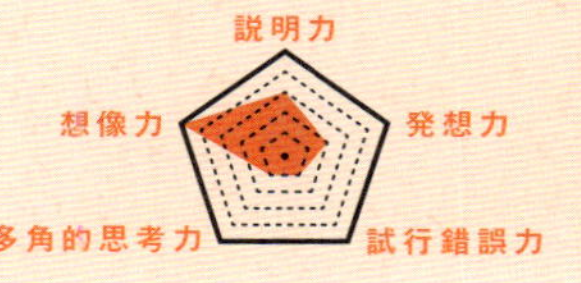

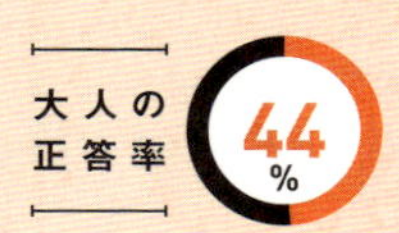

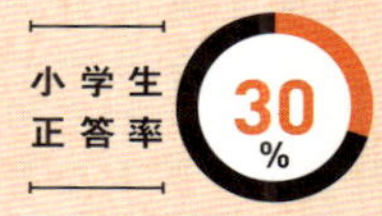

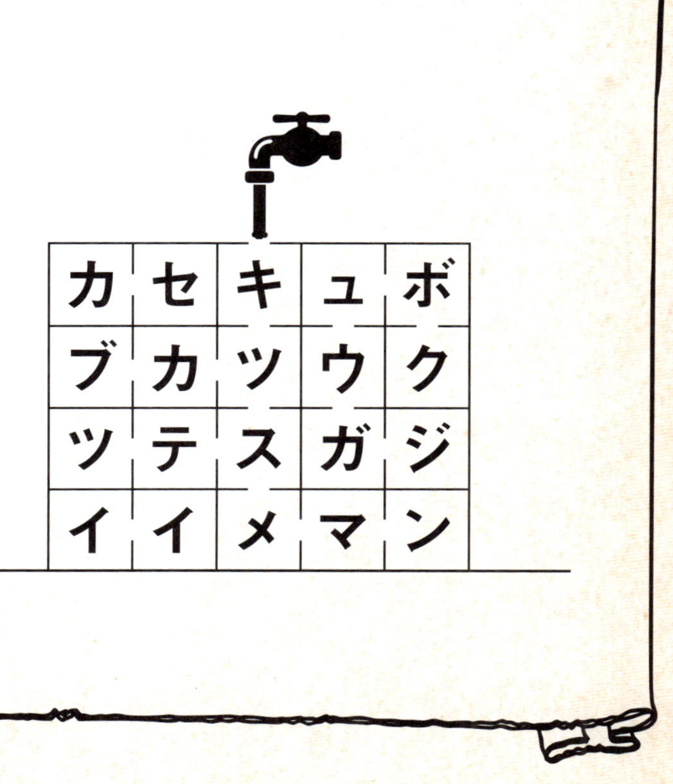

ヒント 1

蛇口からは黒い液体が出ています。

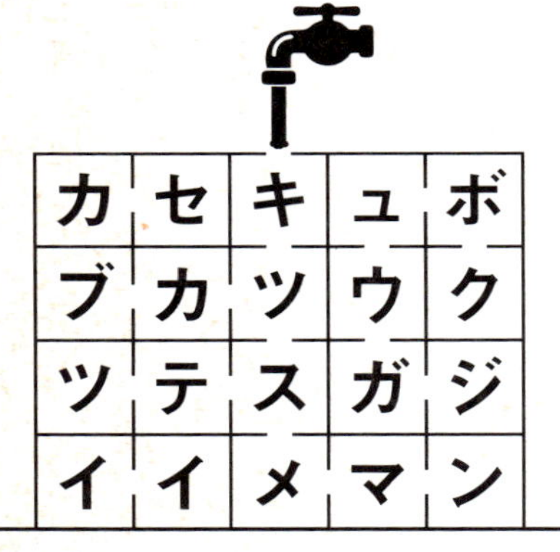

ヒント 2

想像力を働かせて、このまま時間が過ぎるとどうなるかを考えましょう。

カ	セ	キ	ュ	ボ
ブ	カ	ツ	ウ	ク
ツ	テ	ス	ガ	ジ
イ	イ	メ	マ	ン

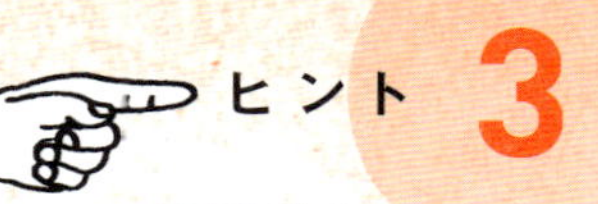

ヒント 3

マスに書かれている黒い文字は、黒い液体が入ると同化して見えなくなります。

カ	セ	キ	ュ	ボ
ブ	カ	ツ	ウ	ク
ツ	テ	ス	ガ	ジ
イ	イ	メ	マ	ン

ANSWER

\\ CHECK! //

[ノーヒントで正解 □　ヒントを見て正解 □　解答を見てわかった □]

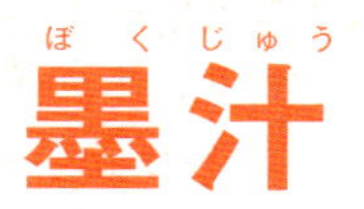

この問題では、想像力を働かせて、問題の図の状態から時間がたつとどうなるかを考えることができるかが最大のポイントでした。
時間が経過すると、中に黒い液体が満たされていき、下図のような状態になります。このときに黒い液体が入ったマスは、そのマスに書かれている黒い文字が液体と同化して見えなくなりますよね。あとは残された文字を縦に読めば、「ボクジュウガセイカイ」と読むことができます。
よって、正解は「墨汁（ぼくじゅう）」でした!

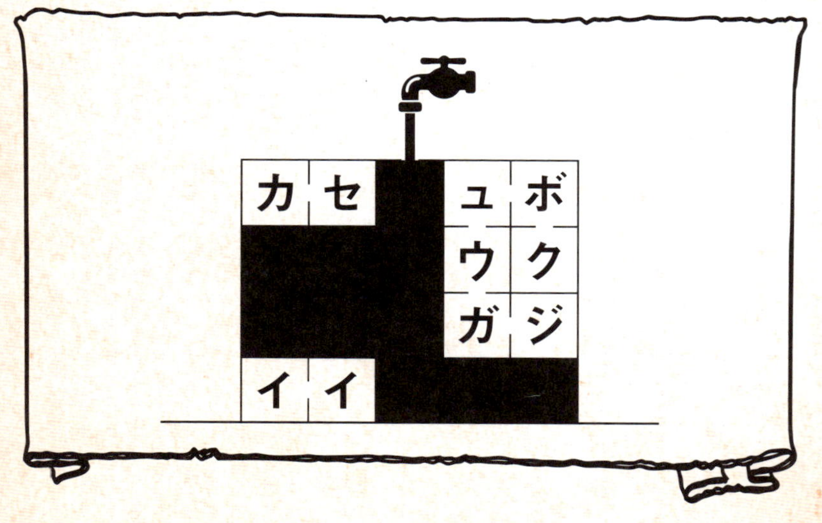

QUESTION

02

解答の目安
[8分]

?に入る言葉は何でしょう?

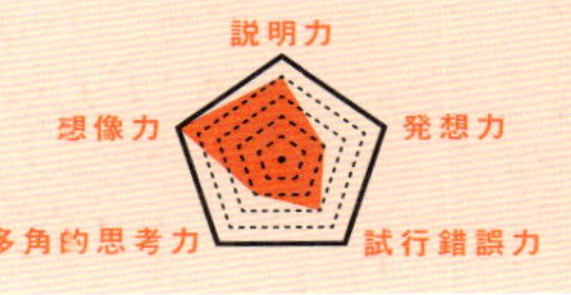

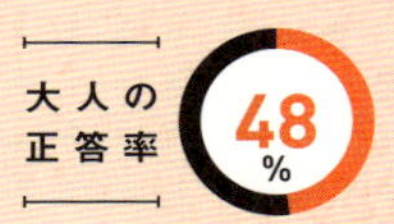

ヒント 1

同じ色のタイルを組み合わせて、それぞれで正方形を作りましょう。

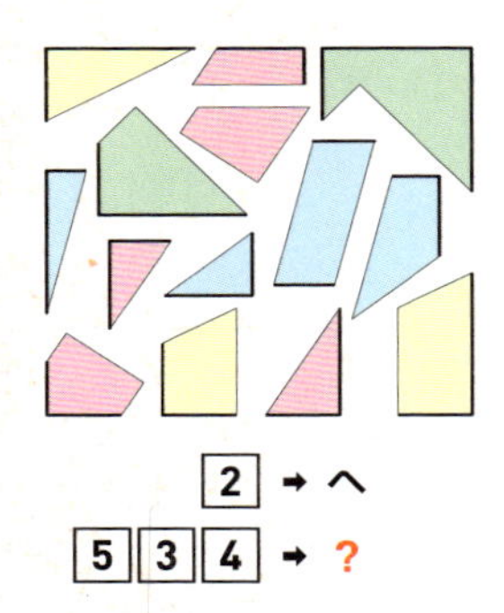

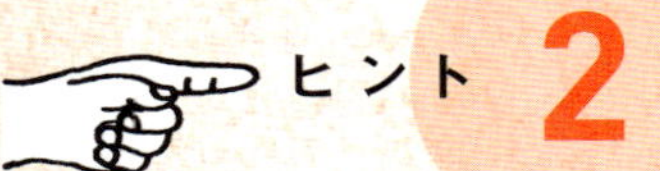

ヒント 2

正方形を作り上げたあと、正方形の中にできる線に注目しましょう。

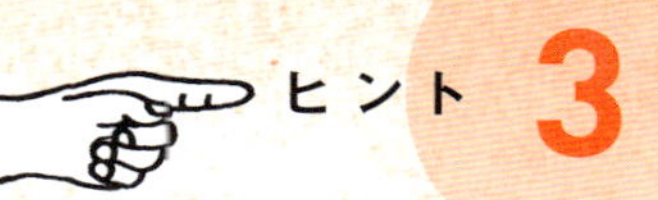

ヒント 3

それぞれの色で、タイルが何枚あるかを数えてみましょう。

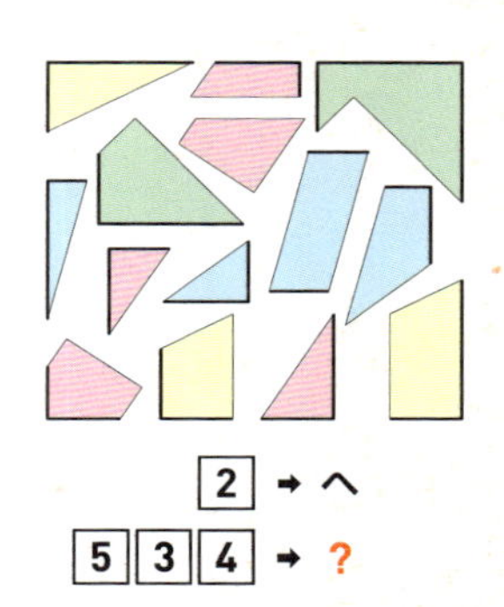

2 → へ

5 3 4 → ?

ANSWER

\\ CHECK! //

[ノーヒントで正解 ☐　ヒントを見て正解 ☐　解答を見てわかった ☐]

タイル

この問題では、同じ色のタイルを組み合わせることでそれぞれ正方形を作ることができ、その境界線が全てカタカナになっていることに気づけるかが最大のポイントでした。

全ての色で正方形を作り上げると、下図のように組み合わせることができます。このとき、それぞれの色で組み合わせるタイルの枚数が異なり、四角の中の数字はその枚数を表していました。

5枚使うのは赤、3枚使うのは黄色、4枚使うのは水色なので、その順に境界線を読むと、答えは「タイル」でした!

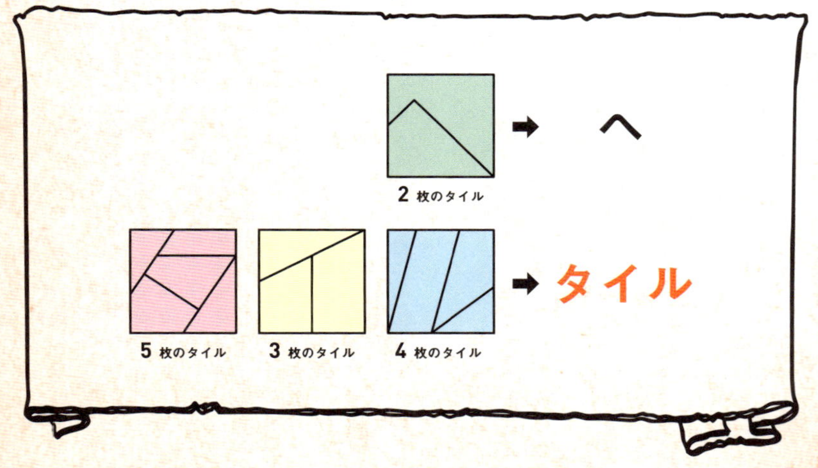

QUESTION

03

解答の目安
[5分]

この問題の正解は何でしょう？

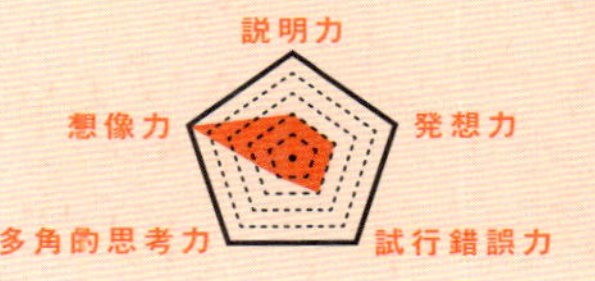

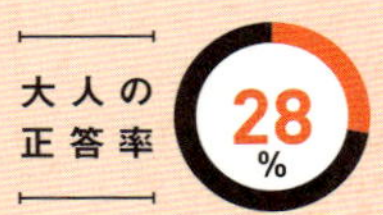

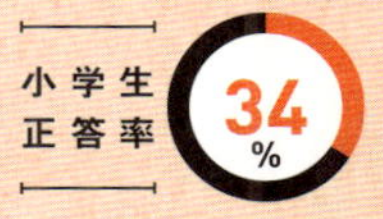

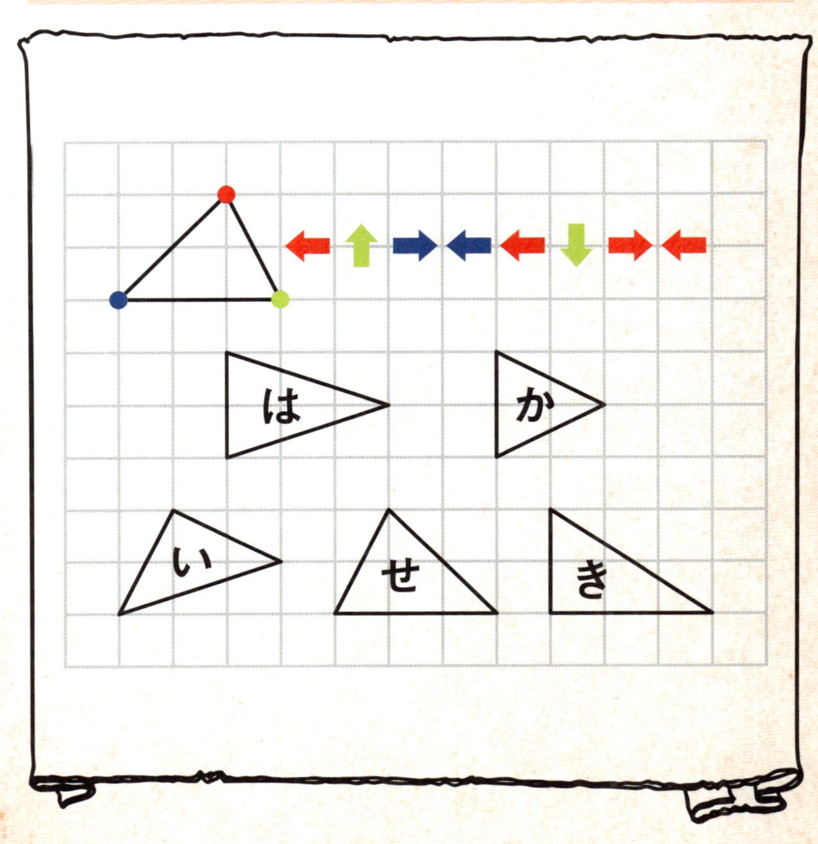

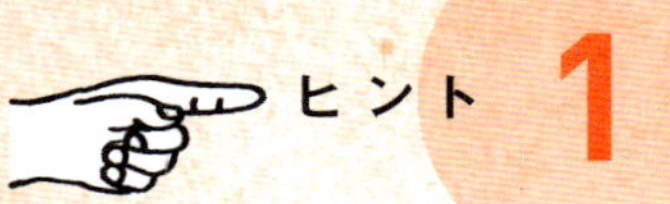

ヒント 1

左上にある三角形の頂点の色と、矢印の色が対応しています。

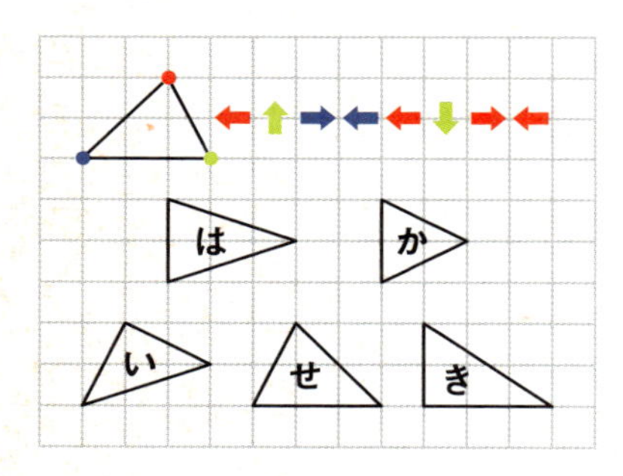

ヒント 2

矢印の通りに、三角形の頂点を1マスずつ動かしてみましょう。すると、三角形の形が変化していきます。

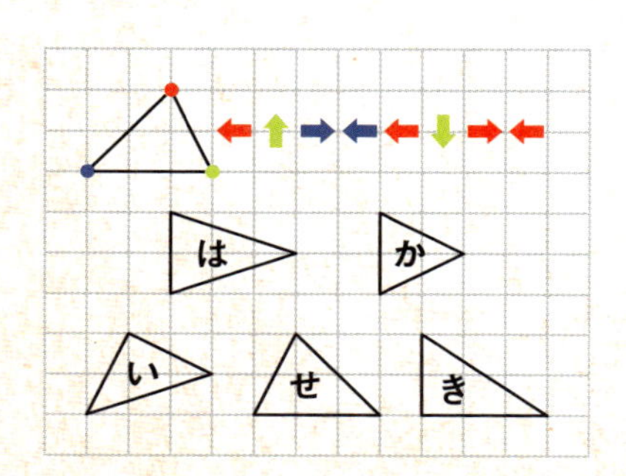

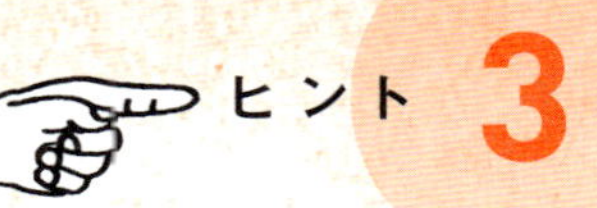

矢印の通りに1つ1つ動かすたびに、下に並ぶ
5つの三角形のどれかと同じ形になります。
その順番通りに、下の三角形の中に書かれた
ひらがなを読んでいきましょう。

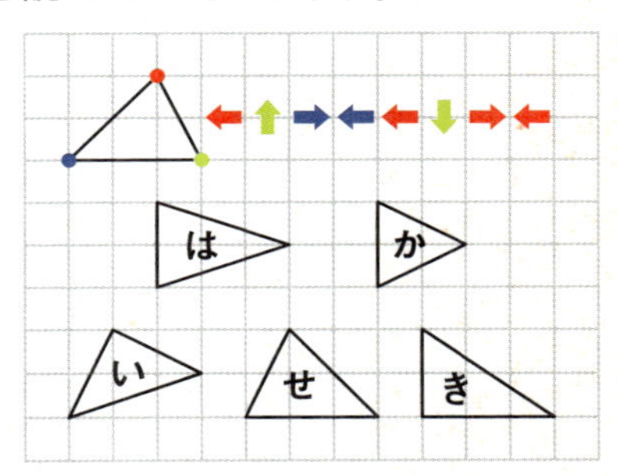

ANSWER

\ CHECK! /

[ノーヒントで正解 □　ヒントを見て正解 □　解答を見てわかった □]

きせき

この問題では、左上にある三角形の頂点の色が矢印の色と対応していることから、矢印の通りに頂点を動かしながら隠された文章を読み解くことができるかが最大のポイントでした。
実際、矢印の通りに1マスずつ頂点を動かしていくと、下図のようになり、問題の下に書かれていた5つの三角形の形と一致していることがわかります。あとは、順番通りに三角形の中に書かれたひらがなを読めば…
「せいかいはきせき」。
よって、正解は「きせき」となります!

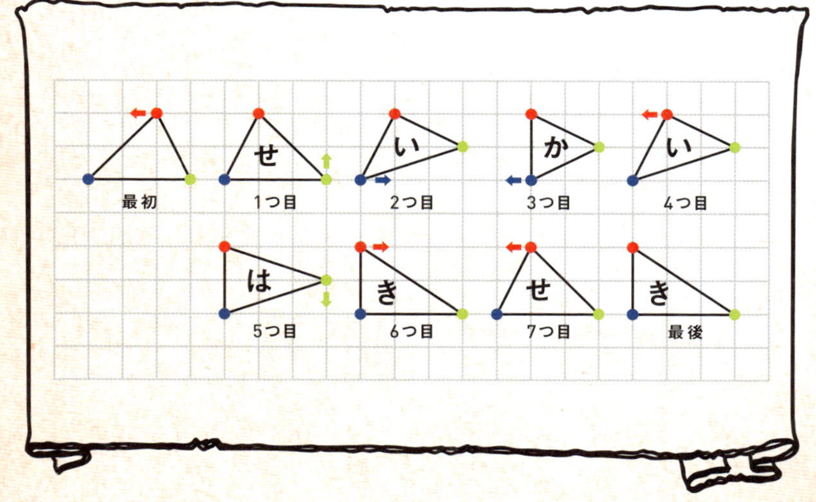

04

解答の目安
［5分］

?に入る漢字1文字は何でしょう？

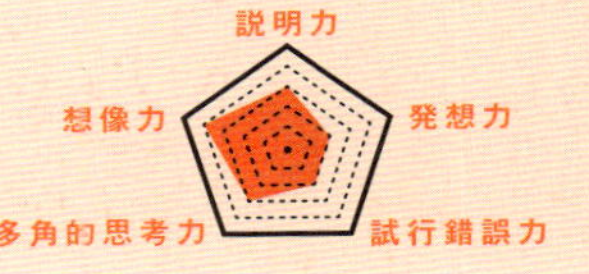

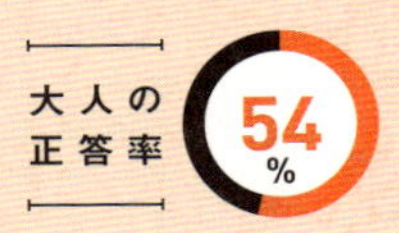

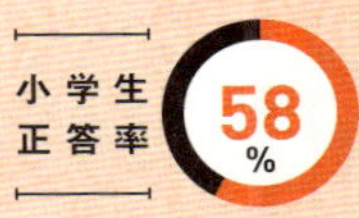

光　時間　?

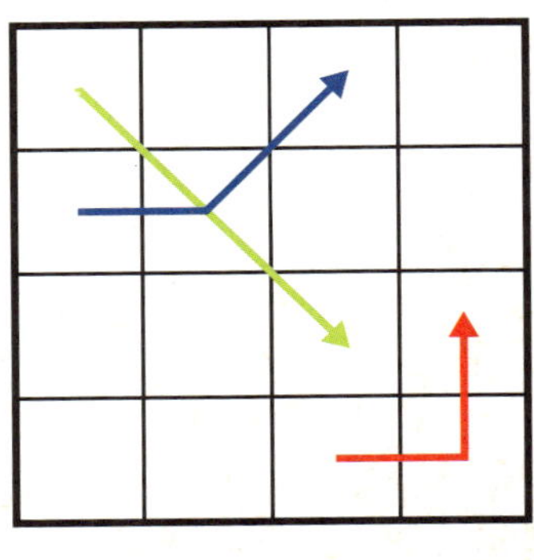

オモテ

ひ	む	く	ら
じ	か	い	た
ー	と	り	う
ら	み	ち	が

ウラ

ヒント 1

左右をそのまま見比べて矢印が通るマスを読むと、
黄色は「ひかり」になりますが、青色は「じかく」、
赤色は「ちがう」になります。
どうやら、この考え方は違うようです。

光　時間　?

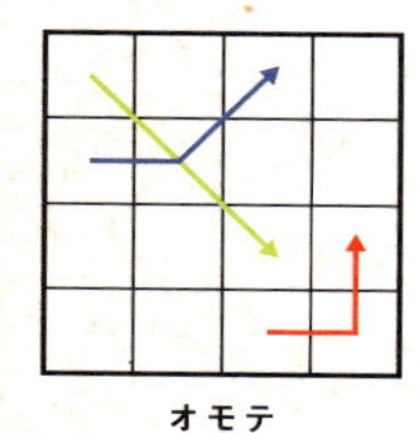

オモテ

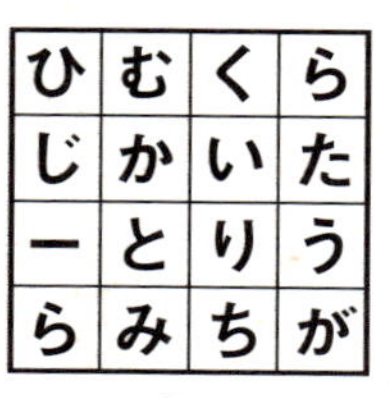

ひ	む	く	ら
じ	か	い	た
ー	と	り	う
ら	み	ち	が

ウラ

ヒント 2

この4×4のマスがオモテ・ウラの関係にあることが
重要です。

光　時間　?

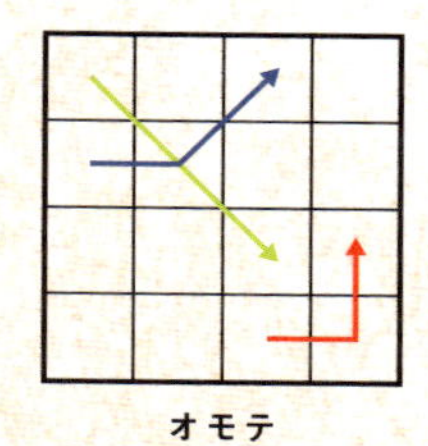

オモテ

ひ	む	く	ら
じ	か	い	た
ー	と	り	う
ら	み	ち	が

ウラ

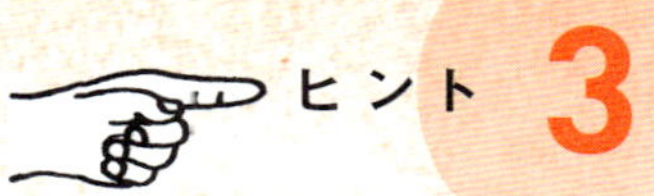

4×4のマスがオモテ・ウラの関係にあるということは、矢印が通るマスは、ウラ面では左右逆の位置にあるはず。
ということは…。

光　時間　？

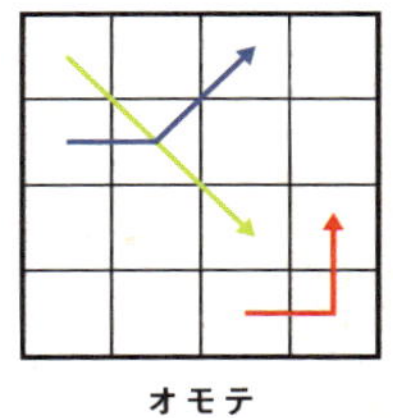

オモテ

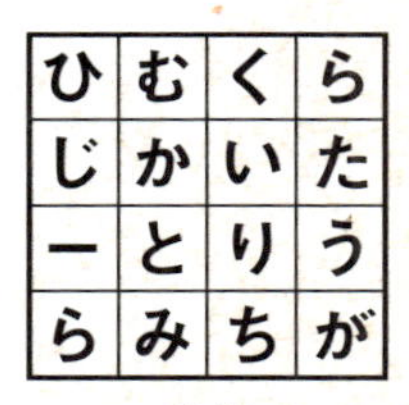

ウラ

頭の中でマス目を
思い浮かべて、
裏返してみよう

ANSWER

\ CHECK! /

[ノーヒントで正解 ■　ヒントを見て正解 ■　解答を見てわかった ■]

鏡

この問題では、4×4のマスがオモテ・ウラの関係であることに注目し、矢印が通るマスはウラ面では左右逆の位置にある、ということに気づけるかが最大のポイントでした。
実際、この4×4のマスをウラ面から透かして見ると下図のようになり、オモテ面の矢印は黄色が「らいと」、青色が「たいむ」を通っていることがわかります。つまりそれぞれの色の文字は、矢印が通るマスの言葉を日本語に直したときの言葉である「光」「時間」を表しているとわかります。
よって、赤色は「みらー」を通っているので、答えは「鏡」でした!

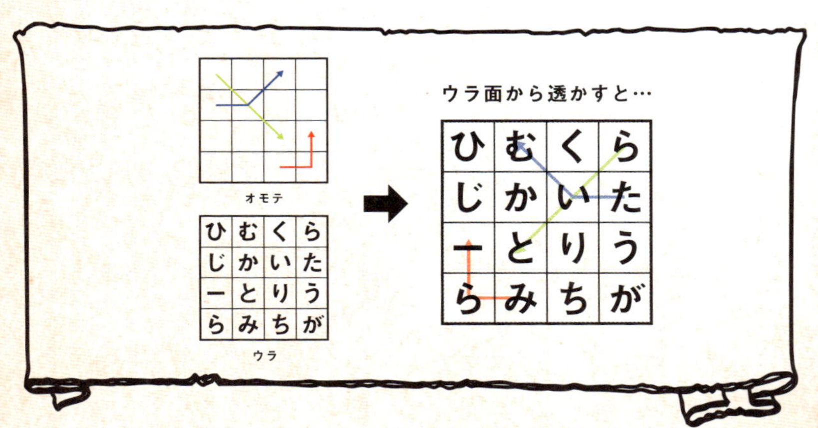

05

解答の目安
［5分］

???に入る言葉は何でしょう？

説明力
発想力
試行錯誤力
多角的思考力
想像力

大人の正答率 32%

小学生正答率 26%

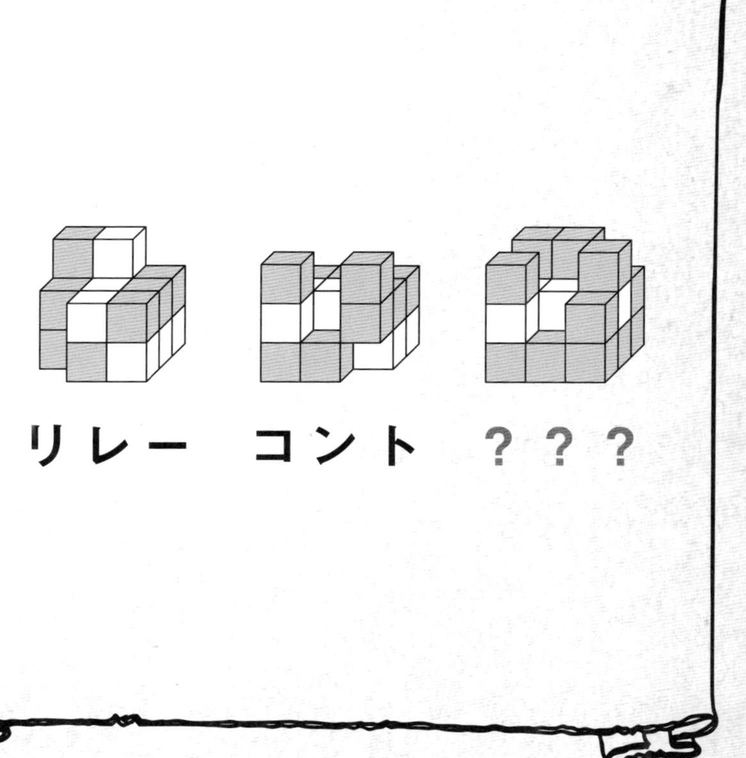

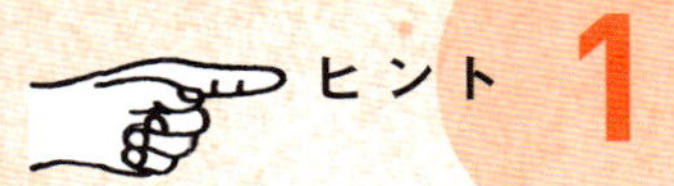

ヒント 1

カタカナを英語などに変換する必要はありません。
カタカナのままで考えましょう。

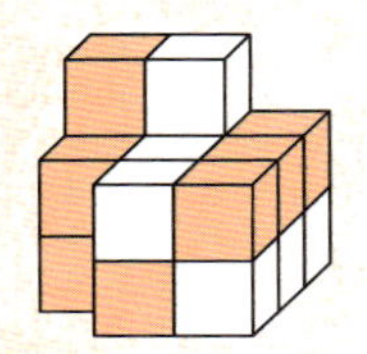
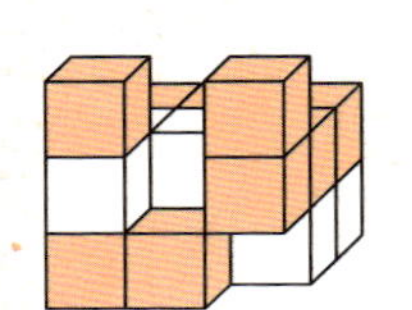
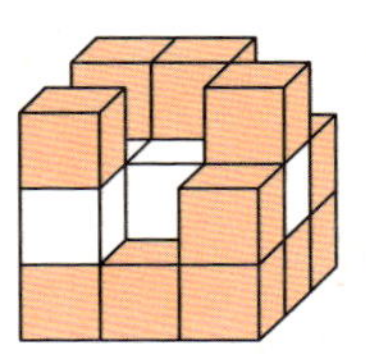

リレー　コント　？？？

ヒント 2

それぞれの立体を、いろいろな角度から見てみましょう。

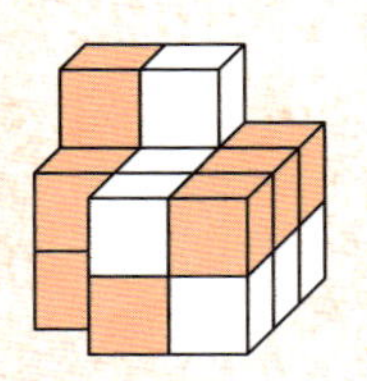
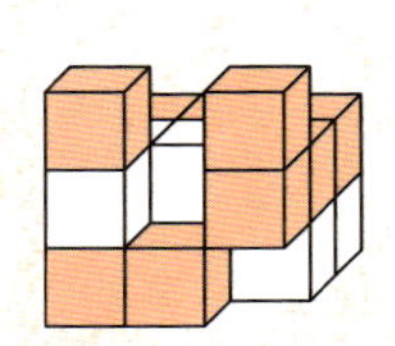
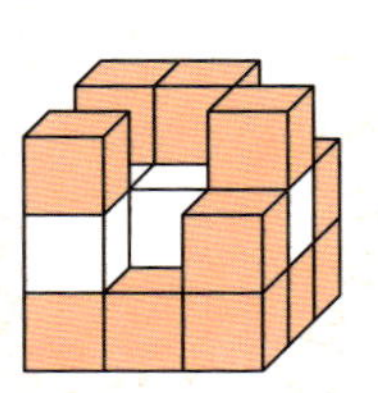

リレー　コント　？？？

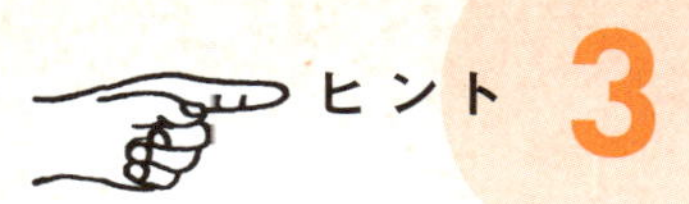

それぞれの立体を、上から、前から、右から見ると、
それぞれどう見えるでしょう?

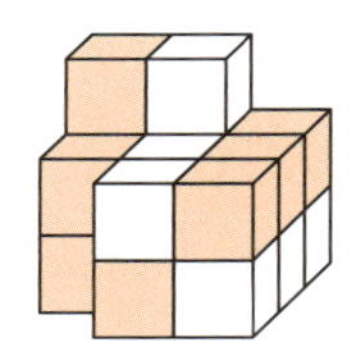

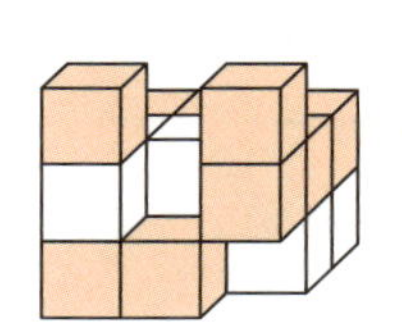

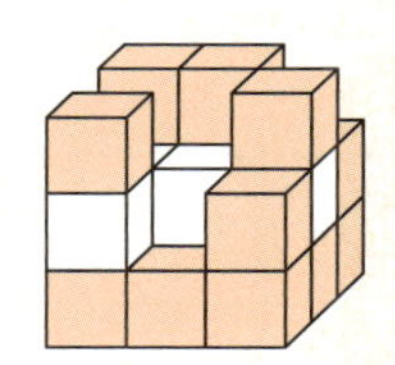

リレー　コント　???

ANSWER

\ CHECK! /

ノーヒントで正解 □　ヒントを見て正解 □　解答を見てわかった □

ココロ（心）

この問題では、イメージを働かせてこの立体をいろいろな角度から見る必要がありました。それぞれの立体を、上から、前から、右から見ると、色のついた部分がそれぞれカタカナに見え、これらを順に並べることで下記のような言葉ができあがっていることがわかります。
よって同様に考えて、答えは「ココロ（心）」でした！

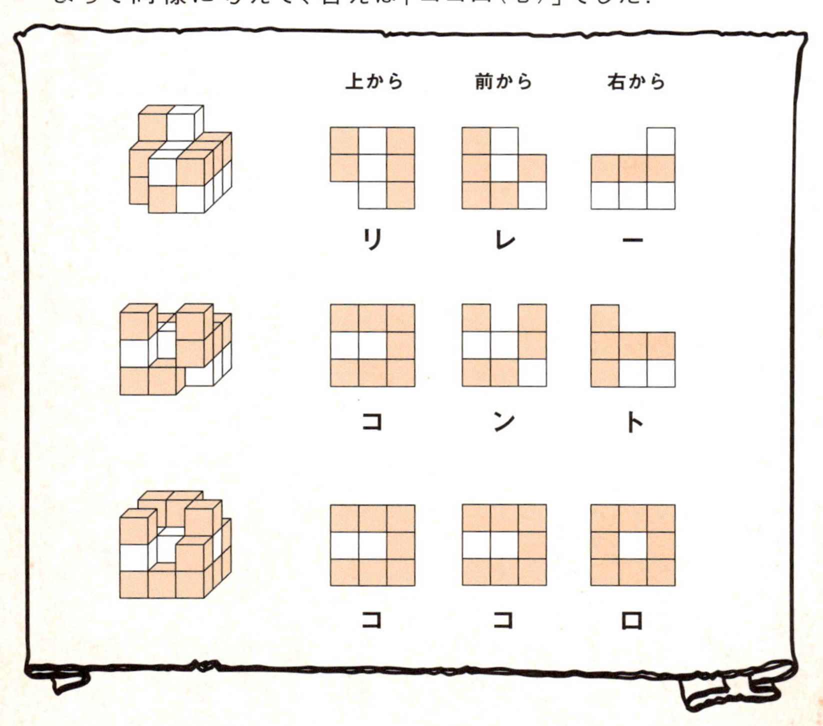

QUESTION

06

解答の目安
［8分］

玉を指で弾き、そのあと指示に従うと現れる正解は何でしょう？

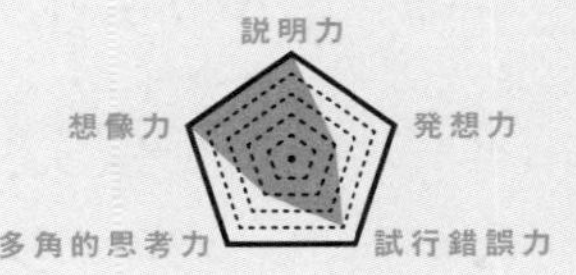

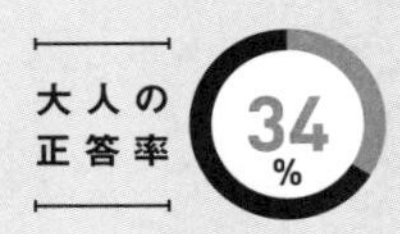

小学生
正答率
38%

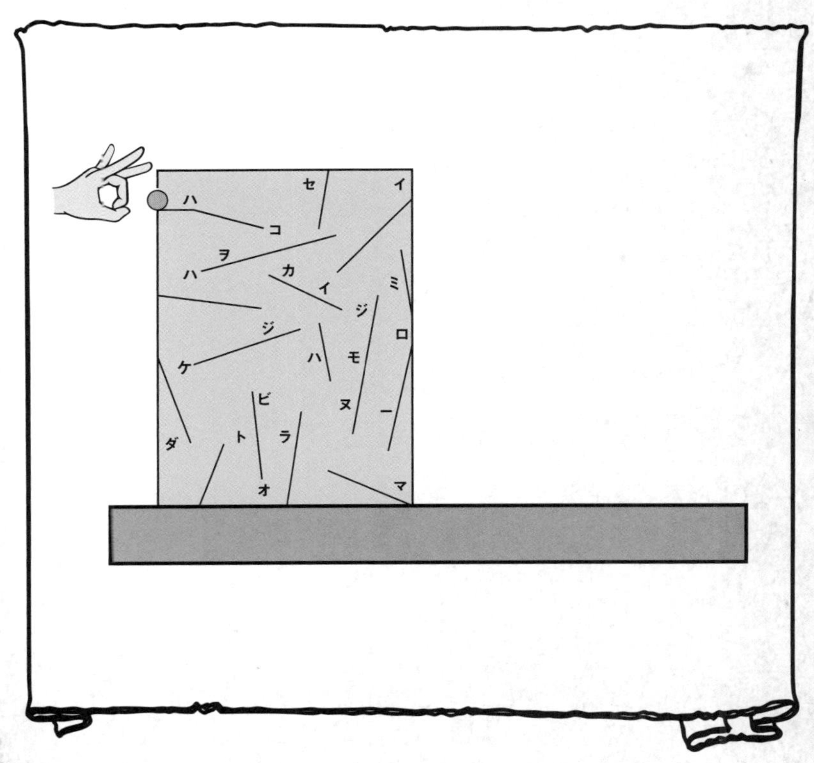

ヒント 1

玉を指で弾くと、下図のようなルートを通りますね。
通った文字を読むと「箱を弾け」という指示が
現れます。

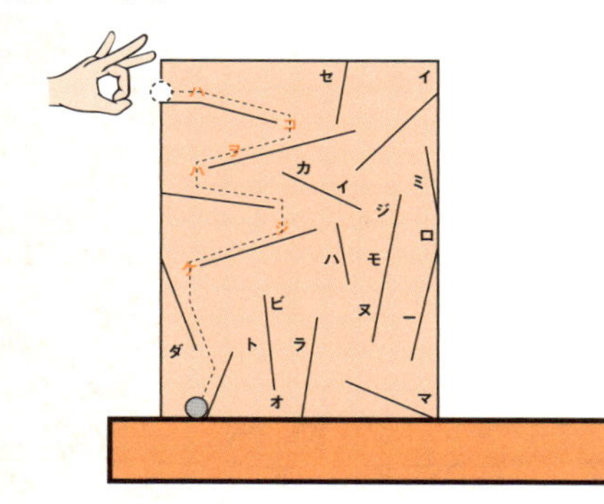

ヒント 2

問題文の通り、玉を指で弾いたあとに「箱を弾く」と
こうなります。

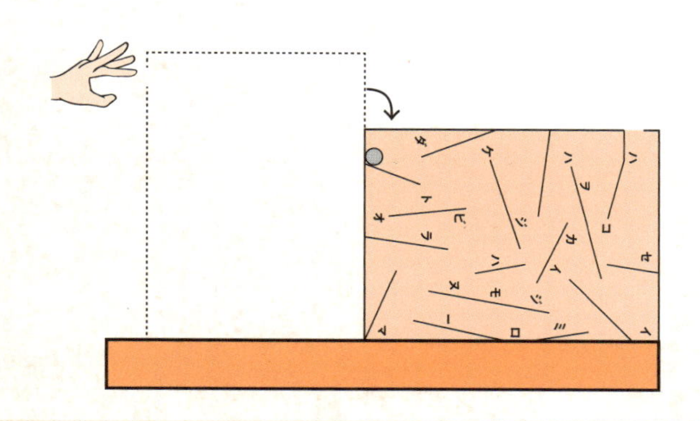

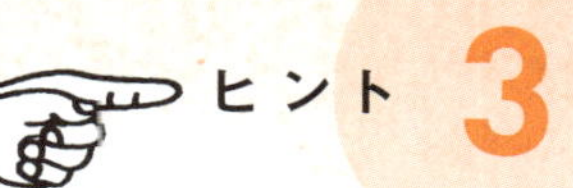

箱が倒れたことで、また玉が動き出します。
通る文字を読むと「通らぬ文字見ろ」と新たな指示が現れています。

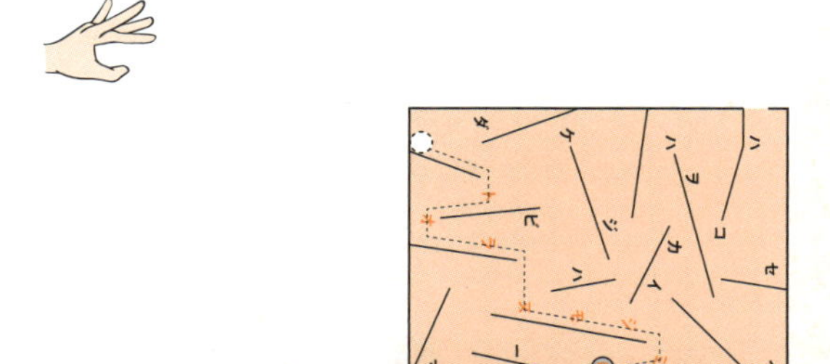

ANSWER

CHECK!

ノーヒントで正解 □ ヒントを見て正解 □ 解答を見てわかった □

ビー玉

この問題では、玉を弾くと通る文字を読み、その指示にしたがって正解を見つけ出せるかが最大のポイントでした。

まず玉を弾くと、下図のように「箱を弾け」という指示が現れます。問題文の通り、玉を弾いたあとに箱を弾くことで箱が倒れ、再び玉が動き出します。すると「通らぬ文字見ろ」という新たな指示が現れます。通らぬ文字…つまり、玉が通らなかった文字を読んでみると「正解はビー玉」と読むことができます。

よって、正解は「ビー玉」でした!

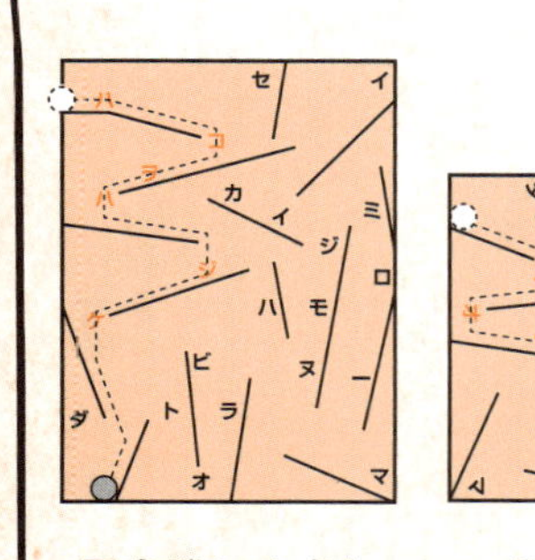

玉を弾いたあと
「箱を弾け」

➡

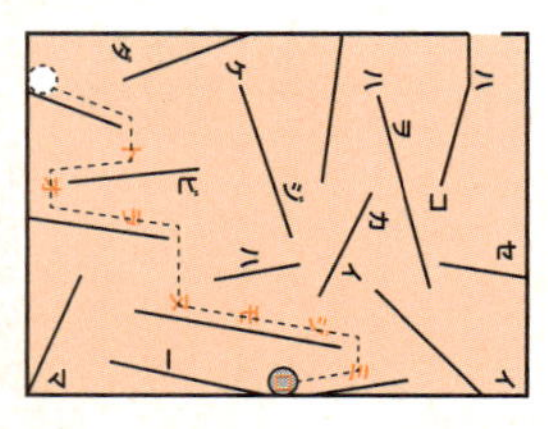

箱を弾いたあと
「通らぬ文字見ろ」

➡

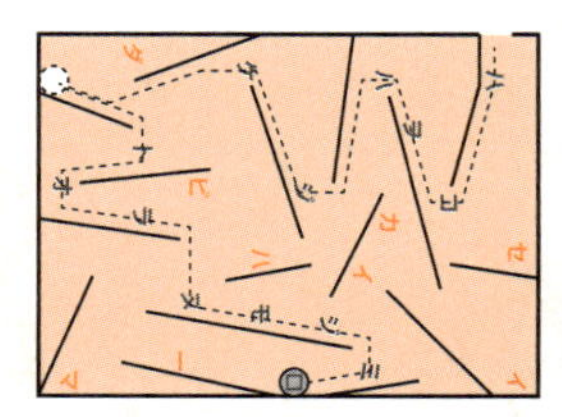

通らぬ文字
「正解はビー玉」

想像力が必要な職業

どの仕事に就くとしても
脳内で情報を処理する想像力は
大きな武器になる能力ですが、その中でも
特に想像力が必要になる職業は以下の通りです。

デザイナー・建築家・インテリアコーディネイター・美術家

これらは特に「空間的な情報」を処理する力が重要な職業です。構図のバランスを取るためには、配置や配色など様々な要素を頭の中でイメージする想像力が必要になります。

マネージャー・秘書

これらは特に「事務的な情報」を処理する力が重要な職業です。スケジュールの管理・タスク整理など、複数の情報に優先順位をつけ、効率よく的確に処理するための方法を確立することが求められます。

タレント・お笑い芸人

会話の中で交わされている「音声的な情報」を脳内で的確に整理し、臨機応変にコメントを返すことが求められる職業です。

第　2　章

多角的思考力

この章では、さまざまな視点に立ち
物事を客観的に見つめるための
「多角的思考力」が求められます。

この章にある問題は全て、
答えが2通り以上存在します。
1つの答えを出して
満足するのではなく、
そこから柔軟に思考を切り替えて、
全ての答えを導くことを
目指してください。

なぜ多角的思考力が必要？

意見は、基本的に自分の視点から発せられるため、
自分では正しく思えても他人から見ると偏っていて、
会話の相手と話が通じずにトラブルになることも。
さまざまな視点に立って物事を見つめる
「多角的思考力」が鍛えられていることで、
以下のような良い効果があります。

算数や数学では…

- 問題を解くときに、楽な解き方を選ぶことができる

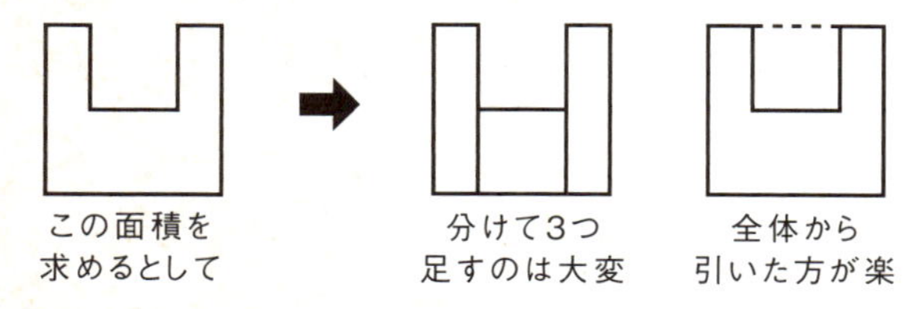

- 難易度の高い問題を解くとき、さまざまな視点からアプローチをかけることで突破口を見つけられる
（東大入試では、このタイプの問題が多く出題されます）

社会や日常生活では…

- 否定的な意見にも耳を傾け、アイデアの質を高められる
- 相手の気持ちを思いやり、空気を読んだ発言ができる
- 苦手な人にも良い面が、いい人にも注意すべき面があることを発見でき、より良い人間関係が築ける
- 固定観念にとらわれなくなる

1つの考え方に固執せず、思考を
切り替えながら問題を解くよう意識して
多角的思考力を鍛えましょう！

QUESTION

例題

解答の目安
［3分］

?に入る数字を2通り
お答えください。

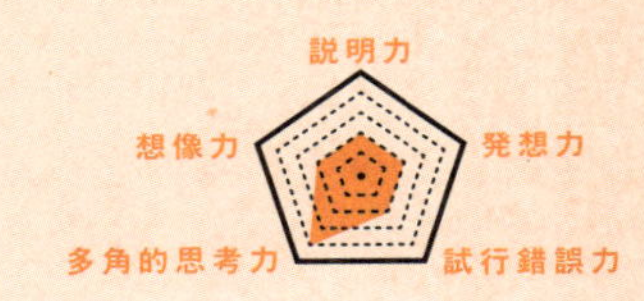

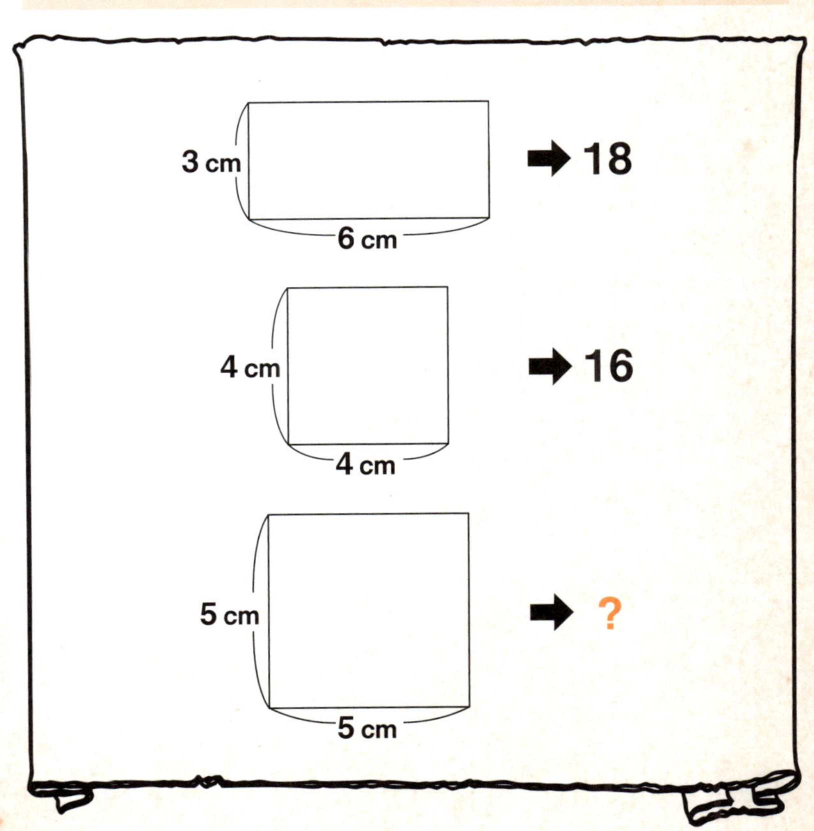

ANSWER

25と20

この問題には、矢印の右側にある数字のとらえ方によって2通りの解き方がありました。
1つ目は、右側の数字を「左の図形の面積」として考える解き方。この場合、3cm×6cm＝18cm²、4cm×4cm＝16cm²となるため法則が成り立ち、?に入る数字は5cm×5cm＝25cm²、つまり「25」だとわかります。
2つ目は、右側の数字を「左の図形の周りの長さ」として考える解き方。こちらの場合でも、(3cm＋6cm)×2＝18cm、(4cm＋4cm)×2＝16cmとなるため法則は成り立ち、?に入る数字は(5cm＋5cm)×2＝20cm、つまり「20」だとわかります。
よって、この問題の正解は「25」と「20」でした!

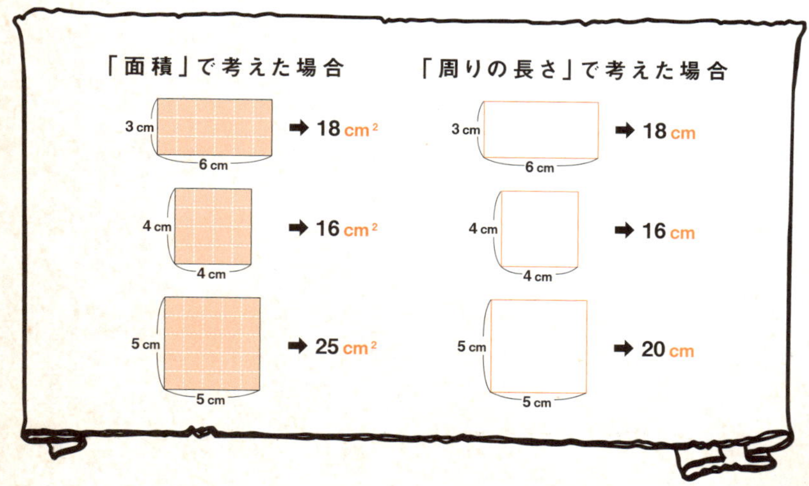

QUESTION

07

解答の目安
［5分］

①②③が表す言葉を2通りお答えください。

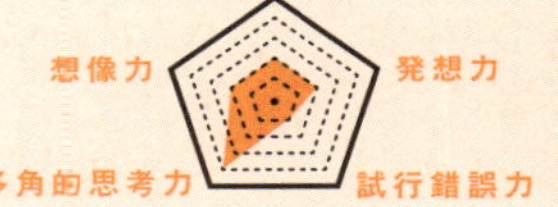

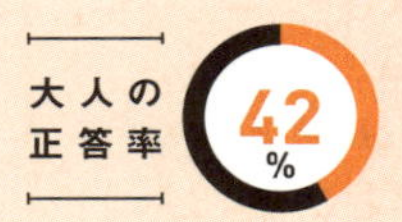

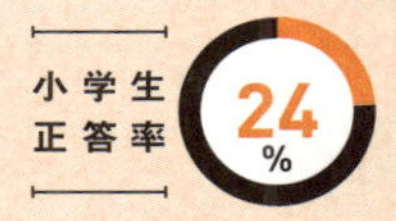

この問題の答えには、「2文字目に濁点がある答え」と「3文字目に濁点がある答え」があります。

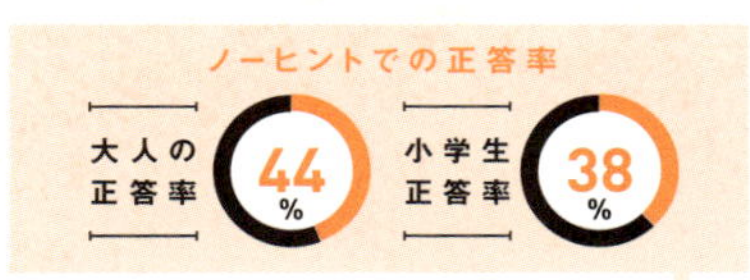

2 文字目に濁点がある答えのヒント

男の子の視点に立って、それぞれの場所の呼び方を考えましょう。

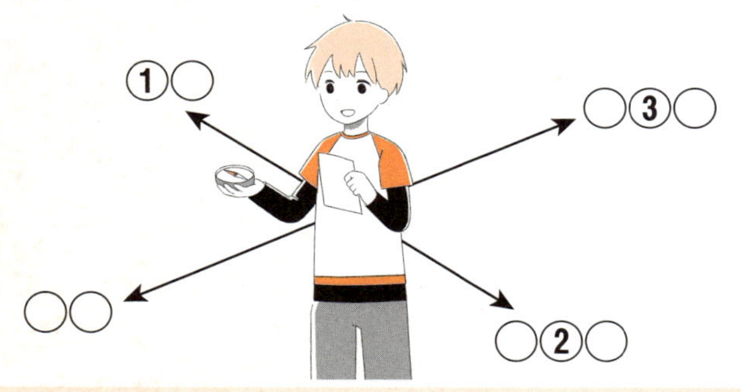

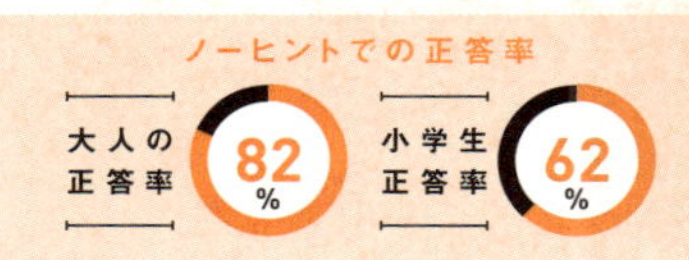

3 文字目に濁点がある答えのヒント

男の子が持っているものに注目し、それぞれの場所の呼び方を考えましょう。

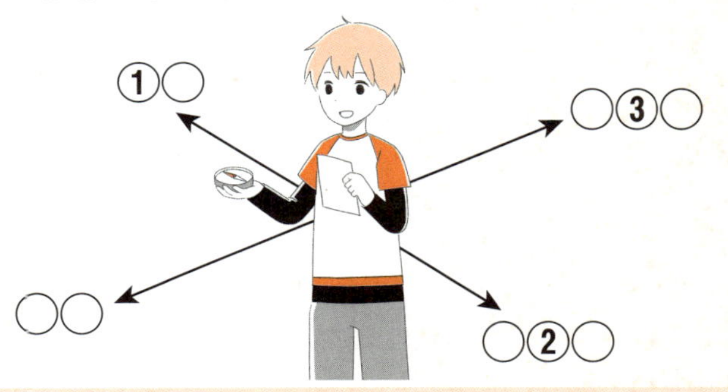

ANSWER

CHECK!

ノーヒントで正解 □ ヒントを見て正解 □ 解答を見てわかった □

「見出し」と「気長」

この問題には、2つの解き方がありました。
1つ目は「男の子の視点に立って考える」解き方。
この場合、それぞれの○には「まえ」「うしろ」「みぎ」「ひだり」が当てはまり、①②③が表す言葉は「みだし」。
2つ目は「方位磁針に注目して考える」解き方。この場合、それぞれの○には「にし」「ひがし」「きた」「みなみ」が当てはまり、①②③が表す言葉は「きなが」。
よって、この問題の正解は「見出し」と「気長」でした!

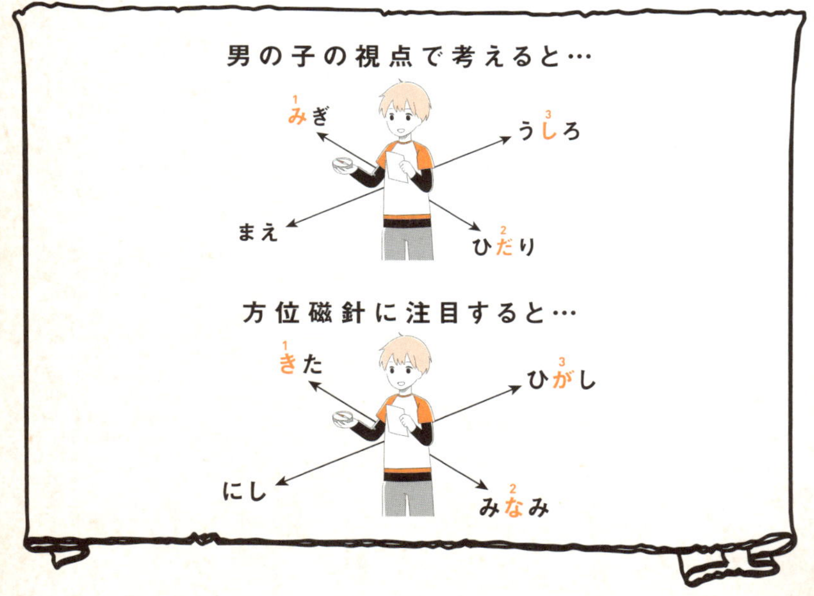

QUESTION

08

解答の目安
［5分］

??に入る数字を2通りお答えください。

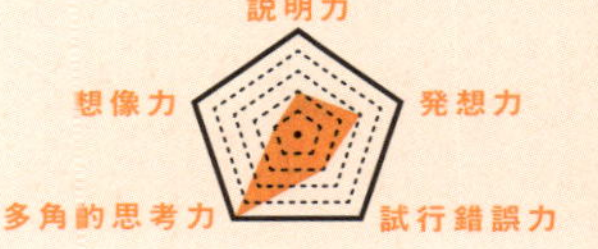

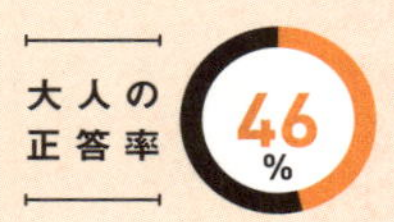

小学生正答率 18%

76 → 42 → 8

のとき

97 → 63 → ??

この問題の答えには、
「奇数になる答え」と「偶数になる答え」があります。

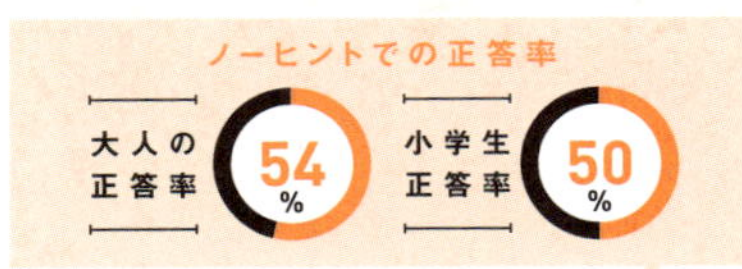

奇数になる答えのヒント

上の行は、76の1つ前が「110」になります。

76 ➡ 42 ➡ 8
のとき
97 ➡ 63 ➡ ??

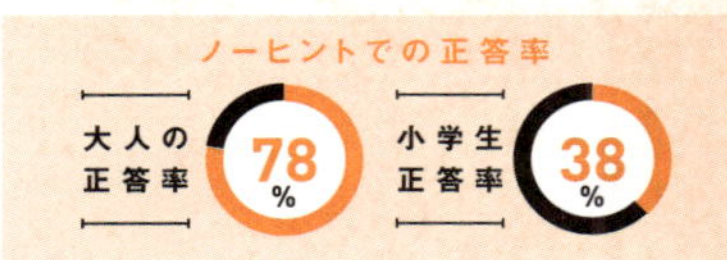

偶数になる答えのヒント

上の行は、7と6で「42」、4と2で「8」ができあがります。

76 ➡ 42 ➡ 8
のとき
97 ➡ 63 ➡ ??

ANSWER

CHECK!

ノーヒントで正解 □　ヒントを見て正解 □　解答を見てわかった □

29と18

この問題には、2つの解き方がありました。
まず1つは「右に行くごとに34ずつ数が減る」という法則で考える解き方。この場合、63－34＝29となり、「29」が正解となります。
もう1つは「前の数の、十の位と一の位の数をかけてできる数が次にくる」という法則で考える解き方。この場合、6×3＝18となり、「18」が正解となります。
よって、この問題の正解は「29」と「18」でした!

34ずつ数が減る

76 →(-34) 42 →(-34) 8

97 →(-34) 63 →(-34) 29

十の位と一の位をかけ算する

76 →(7×6) 42 →(4×2) 8

97 →(9×7) 63 →(6×3) 18

QUESTION

09

解答の目安
[5分]

?に入るひらがなを2通り
お答えください。

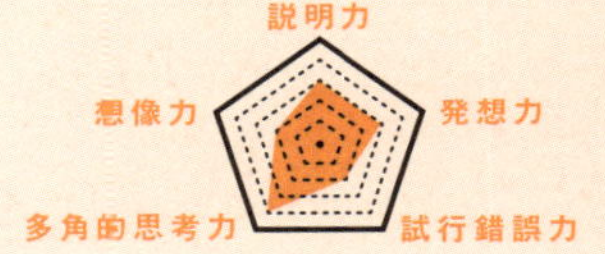

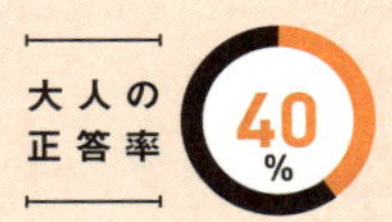

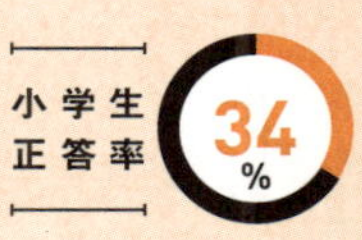

1	2	3	4	5	6	7
?	ふ	み	よ	い	む	な…

※答えは点線で囲まれた
6つの中から選んでください

はひふたちつ

この問題の答えには、
「は行の答え」と「た行の答え」があります。

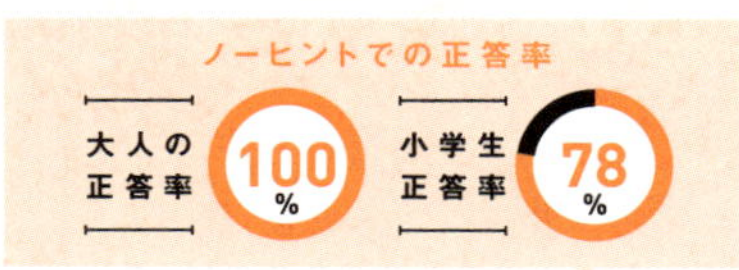

は行 の答えのヒント

3は「みっ○」、4は「よっ○」、5は「いつ○」…
の頭文字になっています。同様に考えると、
1はひらがなで3文字になります。

1	2	3	4	5	6	7
?	ふ	み	よ	い	む	な…

※答えは点線で囲まれた
6つの中から選んでください

は　ひ　ふ　た　ち　つ

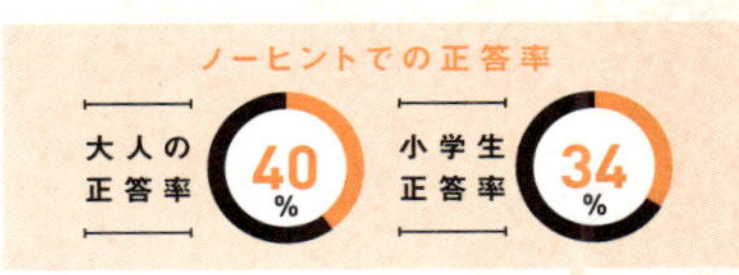

た行の答えのヒント

3は「みっ○」、4は「よっ○」、5は「いつ○」…
の頭文字になっています。同様に考えると、
1はひらがなで4文字になります。

1 2 3 4 5 6 7
? ふ み よ い む な…

※答えは点線で囲まれた
6つの中から選んでください

は ひ ふ た ち つ

CHECK!

ノーヒントで正解 □　ヒントを見て正解 □　解答を見てわかった □

ANSWER

「ひ」と「つ」

この問題では、それぞれのひらがなが数字に関連する言葉の頭文字になっており、その2通りの表現に気づけるかが最大のポイントでした。

1つ目は「ものの数え方」の頭文字と考える方法。この場合、2は「ふたつ」、3は「みっつ」、4は「よっつ」…の頭文字となっているため、1は「ひとつ」の頭文字で「ひ」。

2つ目は「日付」の頭文字と考える方法。この場合、2は「ふつか」、3は「みっか」、4は「よっか」…の頭文字となっているため、1は「ついたち」の頭文字で「つ」。

よって、正解は「ひ」と「つ」でした!

ちなみに「ひ、ふ、み、よ…」という数え方はまさに1つ目の考え方と関連しており、「ひとつ、ふたつ、みっつ、よっつ」を省略してできた言葉だそうです。

「ものの数え方」の頭文字

1	2	3	4	5	6	7
ひ	ふ	み	よ	い	む	な…
と	た	っ	っ	つ	っ	な
つ	つ	つ	つ	つ	つ	つ

「日付」の頭文字

1	2	3	4	5	6	7
つ	ふ	み	よ	い	む	な…
い	つ	っ	っ	つ	い	の
た	か	か	か	か	か	か
ち						

QUESTION

10

解答の目安
［5分］

?に入る数字を2通り
お答えください。

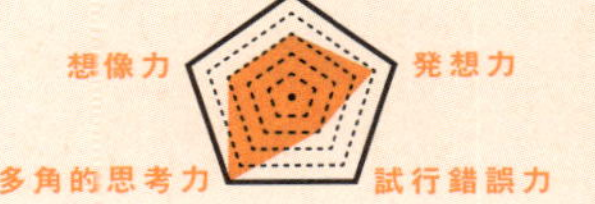

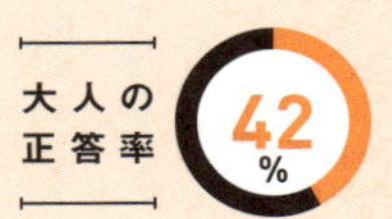

小学生
正答率
26
%

この問題の答えには、
「奇数になる答え」と「偶数になる答え」があります。

になる答えのヒント

左上の正方形の一部を分解すると、下記のようになります。それぞれの図形の中に注目しましょう。

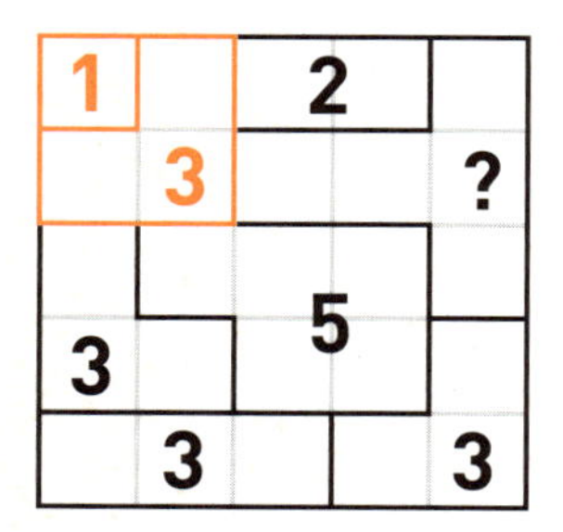

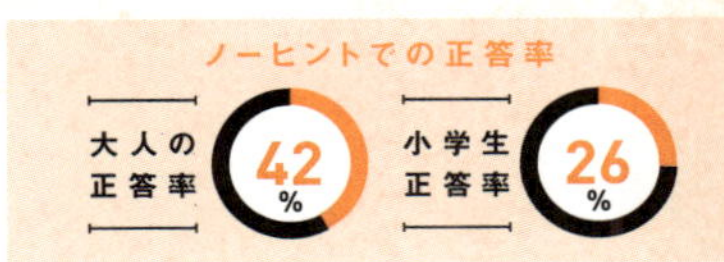

偶数になる答えのヒント

左上の正方形の一部を分解すると、下記のようになります。それぞれの図形の中ではなく、周りに注目しましょう。

1		2		
	5			?
3		5		
	3			3

ANSWER

＼ CHECK! ／

ノーヒントで正解	ヒントを見て正解	解答を見てわかった
□	□	□

5と4

この問題には、2つの解き方がありました。
1つ目は「それぞれの図形のマス目の数が書かれている」という法則で考える解き方。この場合、?が書かれた図形は5マスなので、答えは「5」。
2つ目は「それぞれの図形が隣り合う、他の図形の数が書かれている」という法則で考える解き方。下右図の通り、2と書かれている図形は他の2つの図形と隣り合っていて、3と書かれている図形は他の3つの図形と隣り合っている…となり、この法則が成り立ちます。?が書かれた図形は他の4つの図形と隣り合っているので、答えは「4」。
よって、この問題の正解は「5」と「4」でした!

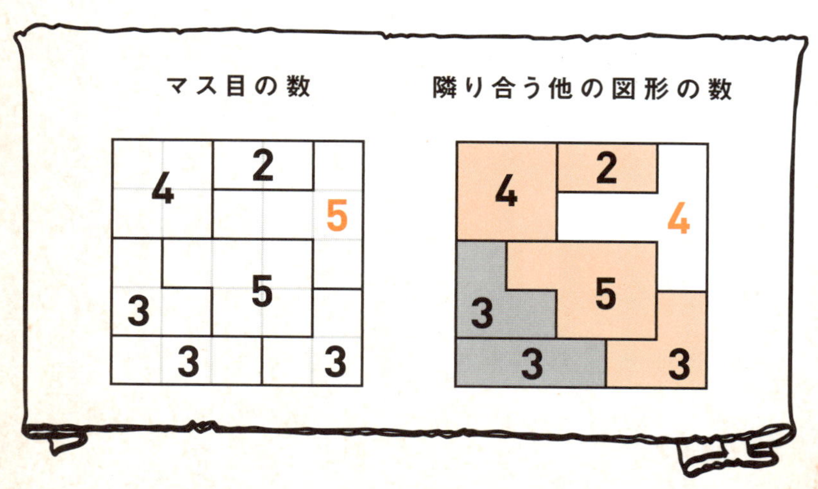

QUESTION 11

解答の目安
［5分］

??に入るひらがな2文字を
2通りお答えください。

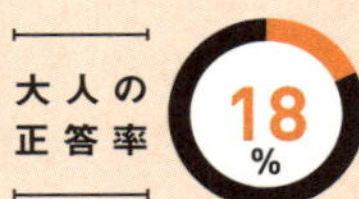

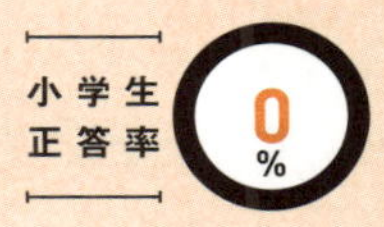

秋	➡	イカ
イス	➡	牛
梅	➡	M
エコ	➡	桶（おけ）
檻（おり）	➡	??

この問題の答えには、「か行のひらがなを含む答え」と
「か行のひらがなを含まない答え」があります。

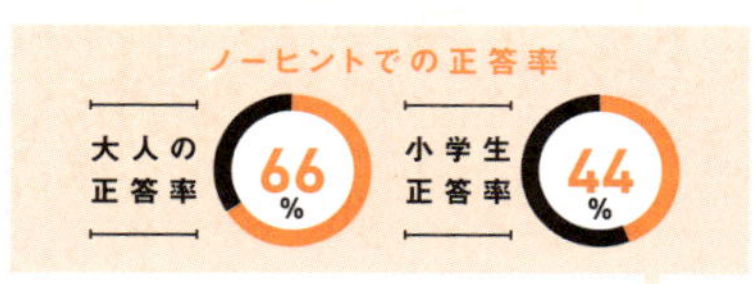

か行 を含む答えのヒント

全てひらがなにして、左右の言葉の1文字目
同士・2文字目同士をそれぞれ比較しましょう。

あき ➡ いか
いす ➡ うし
うめ ➡ えむ
えこ ➡ おけ
おり ➡ ？？

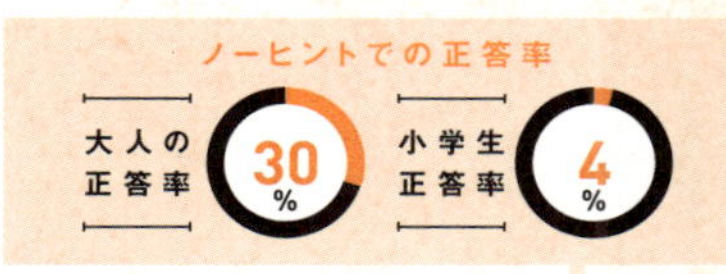

か行を含まない答えのヒント

全ての言葉を、ひらがな以外の別の表記に書き換えてみましょう。

秋 ➡ イカ
イス ➡ 牛
梅 ➡ M
エコ ➡ 桶（おけ）
檻（おり） ➡ ？？

CHECK!

ノーヒントで正解 □　ヒントを見て正解 □　解答を見てわかった □

ANSWER

「から」と「いろ」

この問題には、2つの解き方がありました。
1つ目は「ひらがなにして、1文字目を50音順で1つ後ろに、2文字目を1つ前にずらす」という法則で考える解き方。この場合、「おり」は「から」に変化するので、答えは「から」。
2つ目は「ローマ字にして、逆から読む」という法則で考える解き方。この場合、「おり」はローマ字で「ORI」なので、後ろから読むと「IRO」となり、答えは「いろ」。
よって、この問題の正解は「から」と「いろ」でした!

50音順で変化	ローマ字にして逆から読む
あき→いか	AKI→IKA
いす→うし	ISU→USI
うめ→えむ	UME→EMU
えこ→おけ	EKO→OKE
おり→から	ORI→IRO

1文字目は1つ後ろへ
2文字目は1つ前へ

QUESTION

12

解答の目安
［8分］

?に入る数字を3通りお答えください。

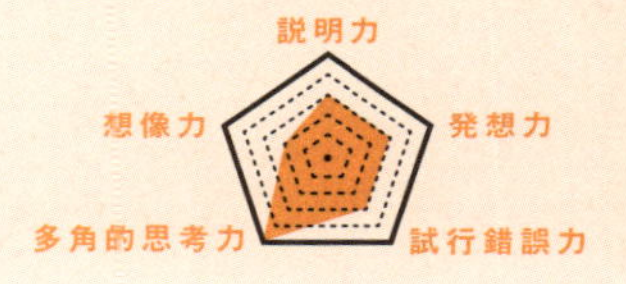

大人の正答率 6%

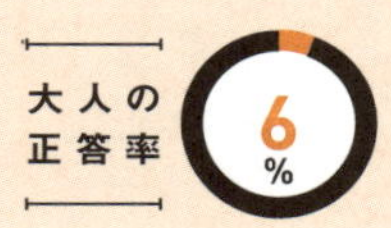

2323 → 0
5150 → 1
9491 → 3
8882 → 6
6560 → ?

この問題の答えには、「0〜3」のどれか、「4〜6」のどれか、「7〜9」のどれかがあります。

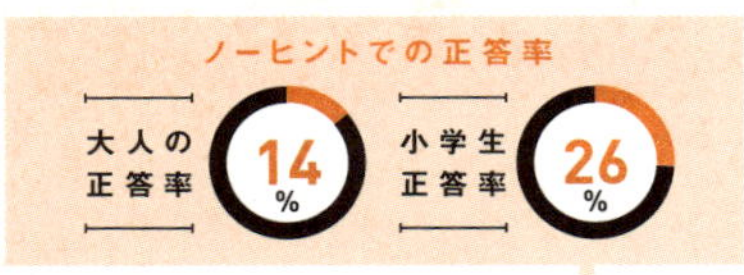

0~3 の答えのヒント

左に並んだ「4桁の数字の形」に注目して、何かの個数を数えています。

2323 ➡ 0
5150 ➡ 1
9491 ➡ 3
8882 ➡ 6
6560 ➡ ?

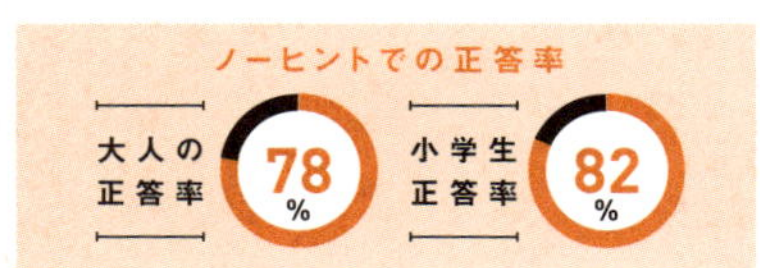

4~6 の答えのヒント

左に並んだ「4桁の数字」を、2桁ずつに分けましょう。

23 | 23 ➡ 0
51 | 50 ➡ 1
94 | 91 ➡ 3
88 | 82 ➡ 6
65 | 60 ➡ ?

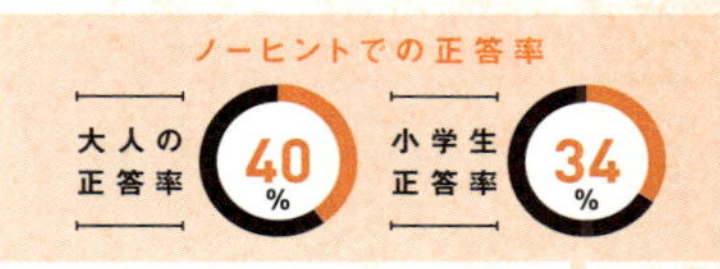

7~9 の答えのヒント

左に並んだ数字を「4つバラバラ」にして、ある計算をしています。

2323 → 0
5150 → 1
9491 → 3
8882 → 6
6560 → ?

ANSWER

CHECK!

ノーヒントで正解 □　ヒントを見て正解 □　解答を見てわかった □

3と5と7

この問題には、3つの解き方がありました。

1つ目は「4桁の数字の形にある、囲まれた空間の個数」という法則で考える解き方。この場合、6560には3つの囲まれた空間があるので、答えは「3」。

2つ目は「4桁の数字を2桁ずつに分けたときの差」という法則で考える解き方。この場合、65－60＝5となるので、答えは「5」。

3つ目は「4つの数字を全て足し合わせたときの一の位の数字」という法則で考える解き方。この場合、6＋5＋6＋0＝17となるので、答えは「7」。

よって、この問題の正解は「3」と「5」と「7」でした！

[囲まれた空間の個数]

2323 → 0個
5150 → 1個
9491 → 3個
8882 → 6個
6560 → 3個

[2桁ずつに分けたときの差]

23 − 23 → 0
51 − 50 → 1
94 − 91 → 3
88 − 82 → 6
65 − 60 → 5

[足し合わせたときの一の位]

2 + 3 + 2 + 3 → 10
5 + 1 + 5 + 0 → 11
9 + 4 + 9 + 1 → 23
8 + 8 + 8 + 2 → 26
6 + 5 + 6 + 0 → 17

多角的思考力が必要な職業

どの仕事に就くとしても
多角的思考力は大きな武器になる能力ですが、
その中でも特にこの力が必要になる職業は
以下の通りです。

テレビプロデューサー・テレビディレクター

多くの人が見て、面白いと感じるものを作る必要のあるテレビ業界。携わる人たちは、常に「視聴者がその映像をどう見るか」を意識しながら番組を作成しています。

広告宣伝・コピーライター

商品を買ってもらうために、ターゲット層がどのような考え・思いを秘めているかを分析し、その人たちにインパクトの残る・共感できる広告の作成が求められます。

学校の先生・保育士

学習的な指導だけでなく、一人一人生徒の視点に立ってそれぞれの生徒の抱えている悩み・問題などを多角的にとらえ、生活的な指導を通じた生徒の心のケアも行うことが求められる職業です。

「自分の作ったこの問題を解く
立場の人はどう考えるのか？」
ということを常に考える必要がある
「ナゾトキ制作」においても
実は、多角的思考力は
欠かせない力なんだ

第 3 章

発想力

この章は、問題にある手がかりから
用意された答えにたどり着くことを
目指す今までの章とは大きく異なり、
あなたの自由なアイデアのもとで
自ら答えを作り出すための
「発想力」が求められます。

この本に載っている答えが
全てではありません。ぜひ、
載っていない答えを見つけるぞ、
という意気込みで挑戦してください。

なぜ発想力が必要？

自由な発想でオリジナリティーの高いアイデアを
生み出すことが求められる発想力。
今後10年～20年間にかけて、発想力の必要ない
論理で解決可能な仕事はプログラム化され、
国内の職業の49%がAI（人工知能）に代替される
可能性がある…という試算結果が出ています。
そんな時代を生き抜くために、プログラムには難しい
0から1を生み出す発想力は必要不可欠な力です。

算数や数学では…

- 入試問題でも難問といわれるような、学校の試験や塾の模試で見たことのない初見の問題も、その場のひらめきで解法を見出すことができる

社会や日常生活では…

- すでにあるもので価格競争をするのではなく、世の中にないものを生み出して新たな分野を展開することができるため、競争が少なく利益を生みやすい
- トラブルが起きても、別のやり方を考えて対応できる
- 人と違うことを思いついて発言することができるため、ユーモアのセンスがあり、話が面白い人になりやすい

発想力は決して才能ではなく、
考え続けることでひらめくもの。
目標の個数まではヒントを見ず考える
ことを意識して、問題を解きましょう！

QUESTION

例題

解答の目安
[10分]

あるルールで、以下の6つの数字を3つずつ2つのグループに分けてください。

説明力
発想力
試行錯誤力
多角的思考力
想像力

[目標] 2つのルールを考えてみよう!

1 2 3

4 5 6

例

2 4 6

YES

2の倍数かどうか

NO

1 3 5

あなたはいくつ思い浮かびましたか?
例えば、以下のような分け方がありました。
上の3つだけに共通するルールは何か、お答えください。

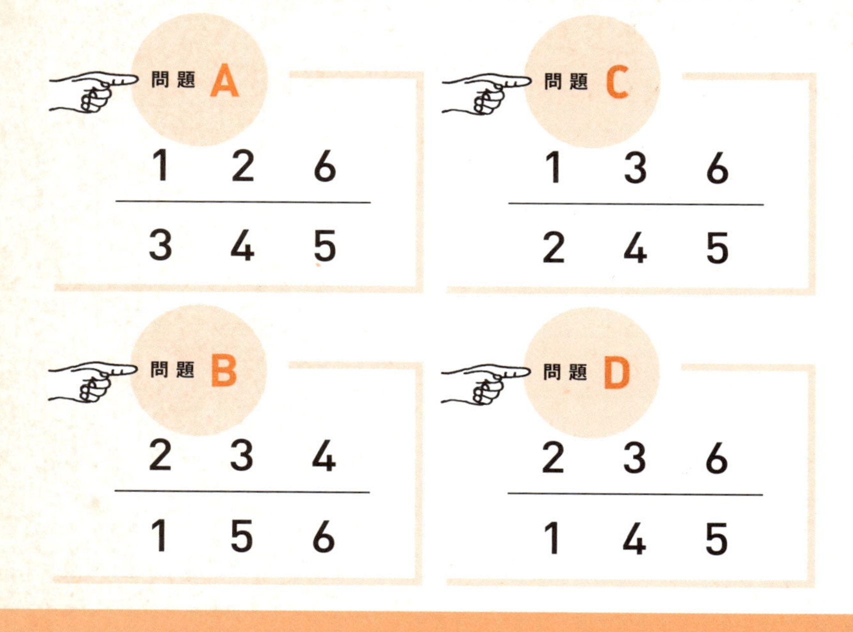

ANSWER

それぞれのルールは以下の通りです。

A　英語で3文字になる(one、two、sixは3文字)
B　ローマ字で書いたときに「N」がある(NI、SAN、YON)
C　「歩」を後ろにつけたとき「ぽ」と読む
(いっぽ、さんぽ、ろっぽに対して下の3つはにほ、よんほ、ごほ)
D　問題文の中に含まれている数字である
(あるルールで、以下の6つの数字を3つずつ2つのグループに分けてください)

QUESTION

13

解答の目安
［10分］

あるルールで、以下の
6つのアルファベットを
3つずつに
分けてください。

説明力
発想力
試行錯誤力
多角的思考力
想像力

［目標］ 2つのルールを考えてみよう！

A　F　I

O　S　W

あなたはいくつ思い浮かびましたか?
例えば、以下のような分け方がありました。
上の3つだけに共通するルールは何か、お答えください。

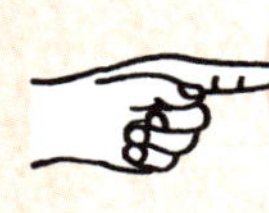

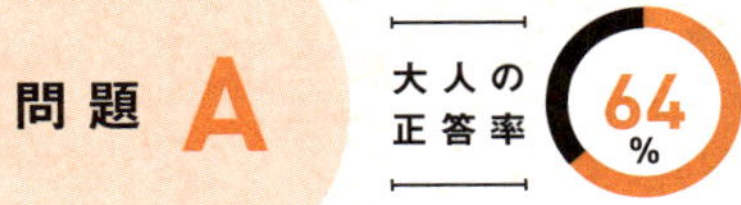

A	I	O
F	S	W

A	F	S
I	O	W

問題 C

大人の正答率

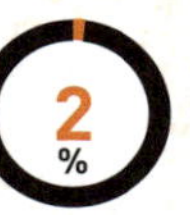

小学生正答率

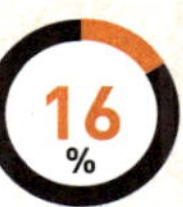

F　I　O

A　S　W

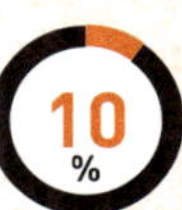

O　S　W

A　F　I

ANSWER

CHECK!

ノーヒントで正解 ■ ヒントを見て正解 ■ 解答を見てわかった ■

A 単体でローマ字として読める(母音である)

あ	い	お
A	I	O
F	S	W

B アルファベットの読みが「え」から始まる

えー	えふ	えす
A	F	S
I	O	W

それぞれのルールは以下の通りです。

C　1本直線を足すと別のアルファベットになる

D　小文字にしても形が変わらない

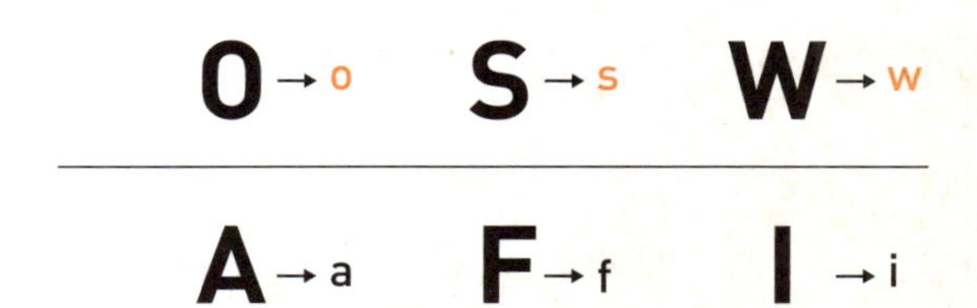

MEMO

他にも答えが見つかったら、思い付いたことを書いておこう!

QUESTION

14

解答の目安
［10分］

あるルールで、以下の6つの数字を3つずつに分けてください。

説明力
発想力
試行錯誤力
多角的思考力
想像力

［目標］3つのルールを考えてみよう！

1　25　27

50　85　100

あなたはいくつ思い浮かびましたか？
例えば、以下のような分け方がありました。
上の3つだけに共通するルールは何か、お答えください。

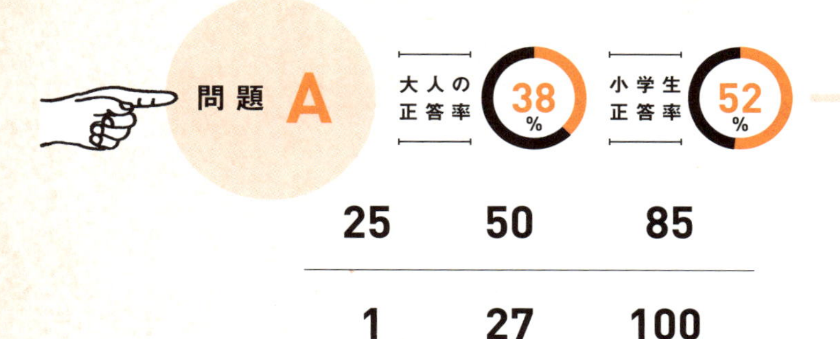

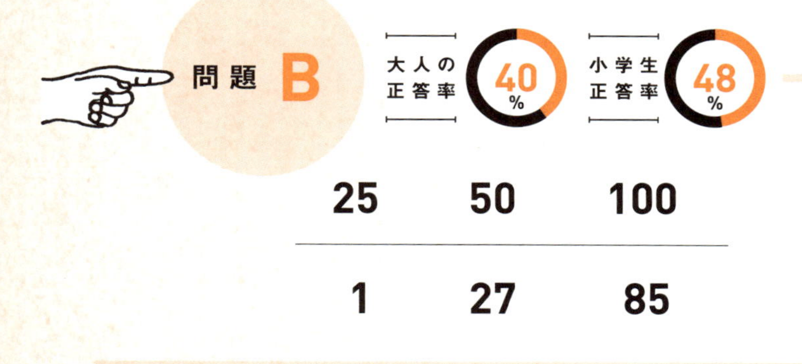

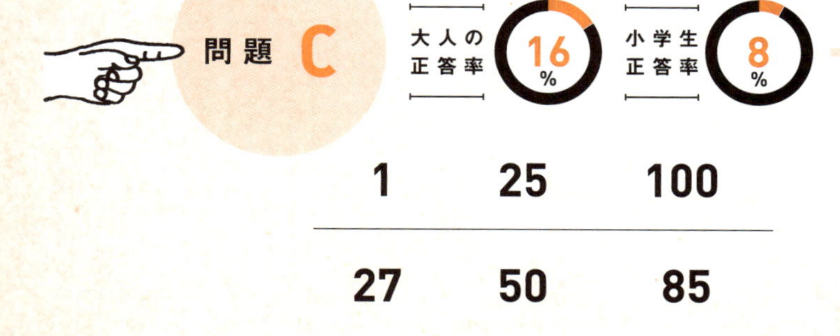

問題 **D**

大人の正答率 16%

小学生正答率

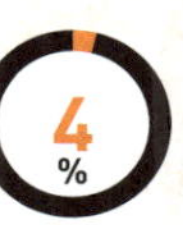

1　50　100

25　27　85

問題 **E**

大人の正答率

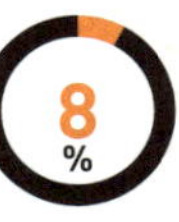

小学生正答率

1　25　27

50　85　100

問題 **F**

大人の正答率

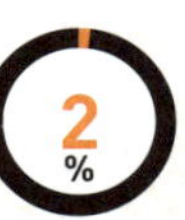

小学生正答率

27　50　100

1　25　85

ANSWER

\ CHECK! /

ノーヒントで正解	ヒントを見て正解	解答を見てわかった
□	□	□

A 数字に「5」が含まれている

25	50	85
1	27	100

B 25の倍数

25×1 25	25×2 50	25×4 100
1	27	85

C 同じ整数を2回かけ合わせてできる数

1×1 1	5×5 25	10×10 100
27	50	85

それぞれのルールは以下の通りです。

		1円玉	50円玉	100円玉
D	硬貨にある数字	1	50	100
		25	27	85

		1×1	5×5	3×9
E	九九の計算の答えにある	1	25	27
		50	85	100

		二十七	五十	百
F	漢字で書くと6画になる	27	50	100
		1	25	85

MEMO

他にも答えが見つかったら、思い付いたことを書いておこう!

QUESTION

15

解答の目安
［10分］

あるルールで、以下の
6つの言葉を3つずつに
分けてください。

説明力
発想力
試行錯誤力
多角的思考力
想像力

［目標］ 4つのルールを考えてみよう！

きんか 金貨	ゆかた 浴衣	ごんげ 権化
てんじ 点字	きっさ 喫茶	すいじ 炊事

あなたはいくつ思い浮かびましたか？
例えば、以下のような分け方がありました。
上の3つだけに共通するルールは何か、お答えください。

問題 A

大人の正答率

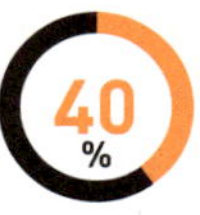

小学生正答率

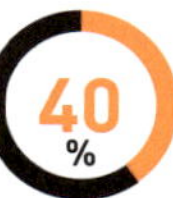

権化（ごんげ）　点字（てんじ）　金貨（きんか）

浴衣（ゆかた）　喫茶（きっさ）　炊事（すいじ）

問題 B

大人の正答率

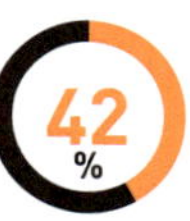

小学生正答率 38%

権化（ごんげ）　点字（てんじ）　炊事（すいじ）

浴衣（ゆかた）　喫茶（きっさ）　金貨（きんか）

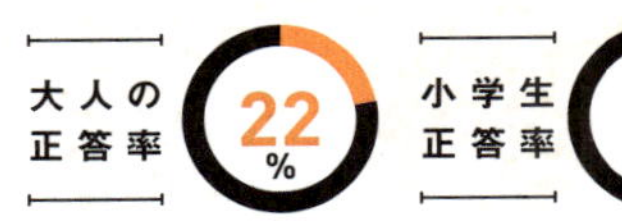

きんか　てんじ　すいじ
金貨　点字　炊事

ゆかた　きっさ　ごんげ
浴衣　喫茶　権化

問題 D

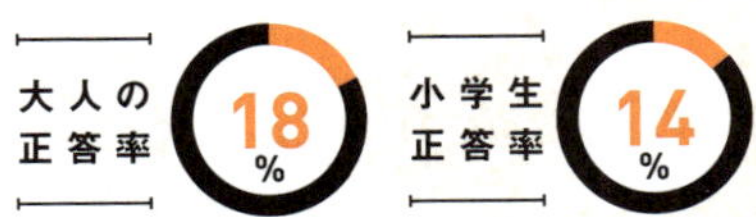

ごんげ　きっさ　きんか
権化　喫茶　金貨

ゆかた　てんじ　すいじ
浴衣　点字　炊事

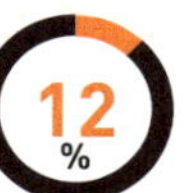

すいじ 炊事	ゆかた 浴衣	きんか 金貨
ごんげ 権化	てんじ 点字	きっさ 喫茶

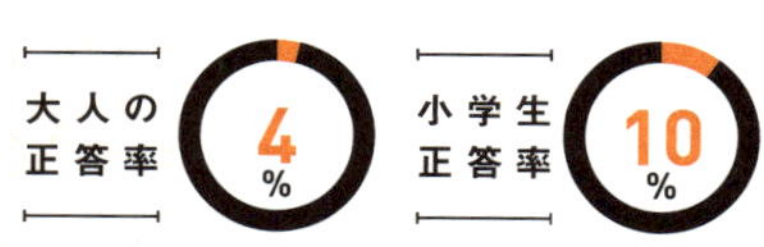
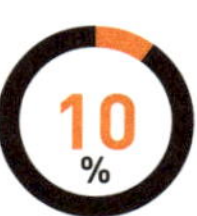

きっさ 喫茶	ゆかた 浴衣	きんか 金貨
ごんげ 権化	てんじ 点字	すいじ 炊事

問題 G

大人の正答率 4%　小学生正答率 2%

権化（ごんげ）	浴衣（ゆかた）	金貨（きんか）
喫茶（きっさ）	点字（てんじ）	炊事（すいじ）

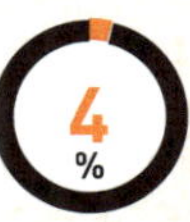

問題 H

大人の正答率 2%　小学生正答率 4%

炊事（すいじ）	権化（ごんげ）	金貨（きんか）
浴衣（ゆかた）	点字（てんじ）	喫茶（きっさ）

ANSWER

CHECK!

ノーヒントで正解 □　ヒントを見て正解 □　解答を見てわかった □

A

「ん」がある

権化（ごんげ）　点字（てんじ）　金貨（きんか）

浴衣（ゆかた）　喫茶（きっさ）　炊事（すいじ）

C

3文字目を
頭に
持ってきても
言葉になる

金貨（きんか）→課金（かきん）
点字（てんじ）→時点（じてん）
炊事（すいじ）→自炊（じすい）

B

濁点がある

権化（ごんげ）　点字（てんじ）　炊事（すいじ）

浴衣（ゆかた）　喫茶（きっさ）　金貨（きんか）

D

逆から読んでも
言葉になる

権化（ごんげ）→言語（げんご）
喫茶（きっさ）→さっき
金貨（きんか）→換気（かんき）

それぞれのルールは以下の通りです。

E ひらがなの読みに曜日が入っている

すいじ 炊事	ゆかた 浴衣	きんか 金貨
ごんげ 権化	てんじ 点字	きっさ 喫茶

G 2文字目と3文字目を入れ替えても言葉になる

ごんげ 権化	ゆかた 浴衣	きんか 金貨
↓	↓	↓
ごげん 語源	ゆたか 豊か	きかん 期間

F 3文字目が「あ段」

きっさ 喫茶	ゆかた 浴衣	きんか 金貨
ごんげ 権化	てんじ 点字	すいじ 炊事

H 漢字の中に曜日が入っている

すいじ 炊事	ごんげ 権化	きんか 金貨
ゆかた 浴衣	てんじ 点字	きっさ 喫茶

MEMO

他にも答えが見つかったら、思い付いたことを書いておこう!

QUESTION

16

解答の目安
［10分］

あるルールで、以下の6つの図形を3つずつに分けてください。

説明力
発想力
試行錯誤力
多角的思考力
想像力

［目標］ 4つのルールを考えてみよう！

あなたはいくつ思い浮かびましたか？

例えば、以下のような分け方がありました。

上の3つだけに共通するルールは何か、お答えください。

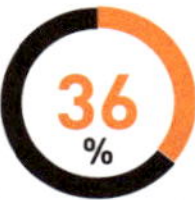

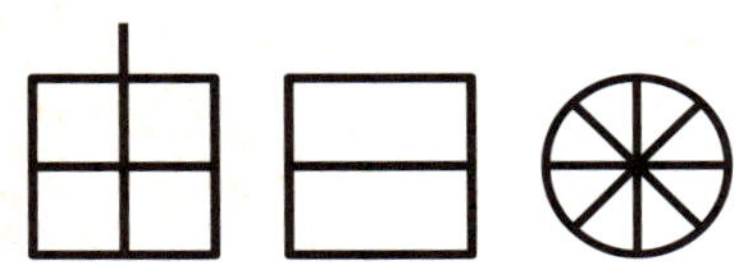
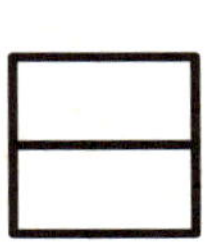

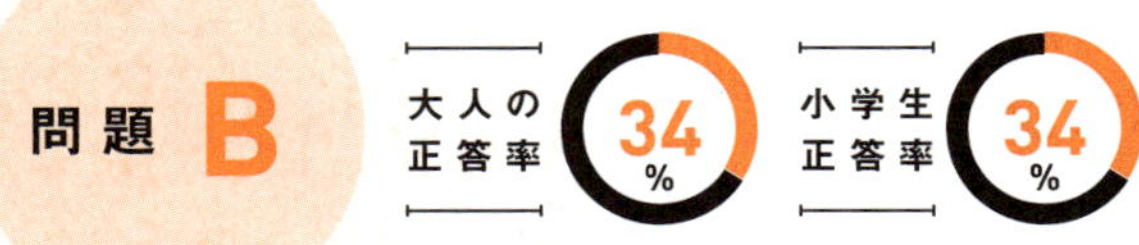

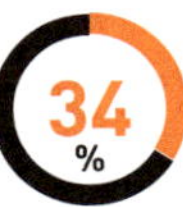

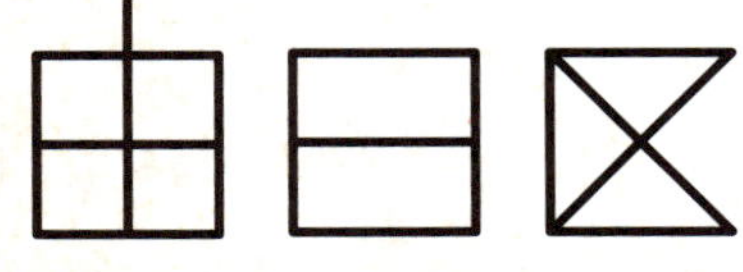
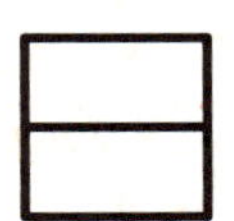

問題 C

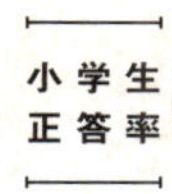

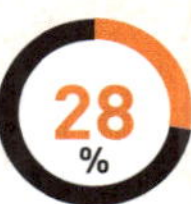

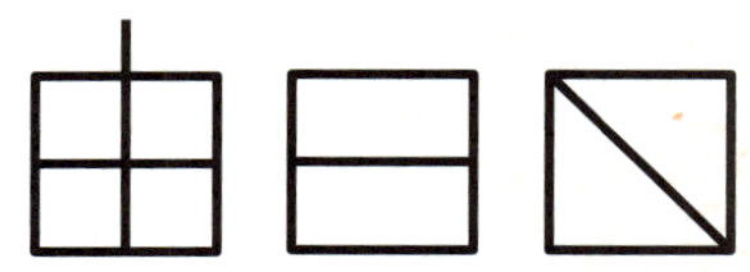

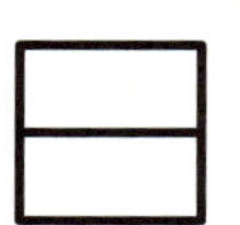

問題 D

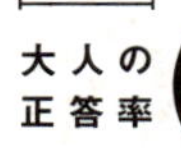

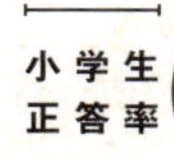

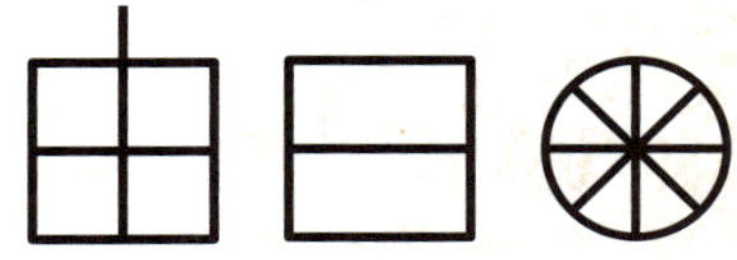

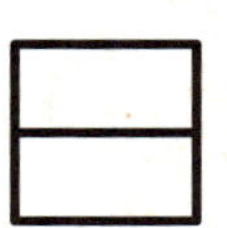

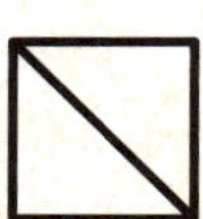

問題 E

大人の正答率 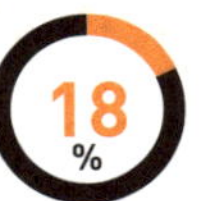

小学生正答率 10%

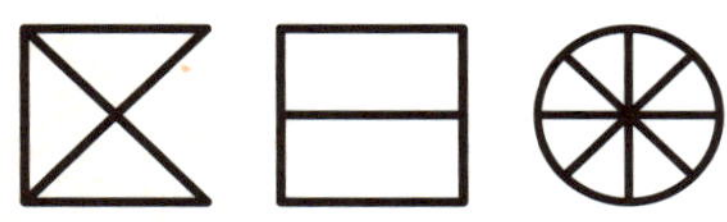

問題 F

大人の正答率 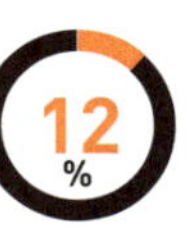

小学生正答率 16%

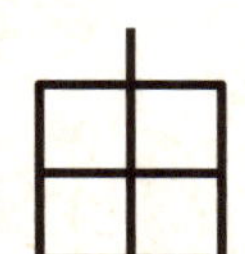

問題 G

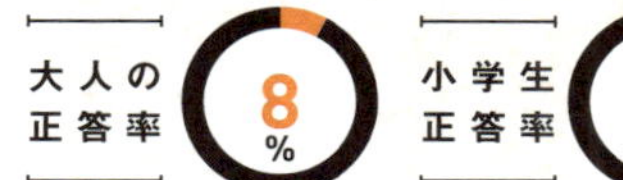

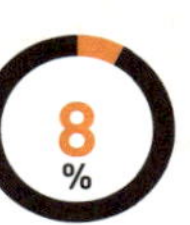

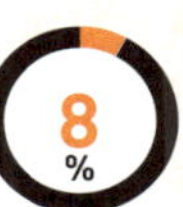

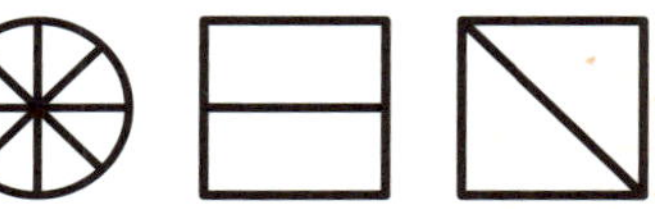

ANSWER

CHECK!

ノーヒントで正解 □　ヒントを見て正解 □　解答を見てわかった □

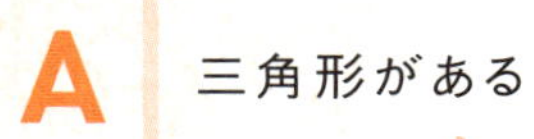

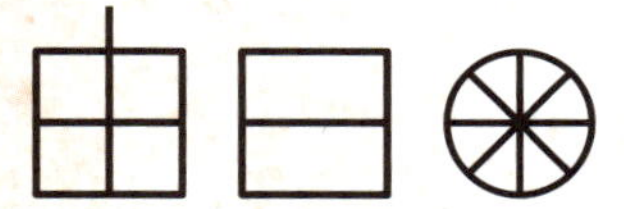

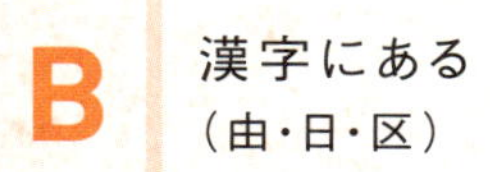

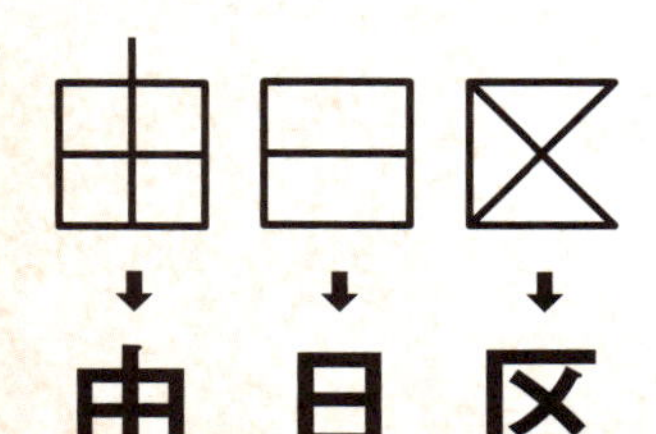

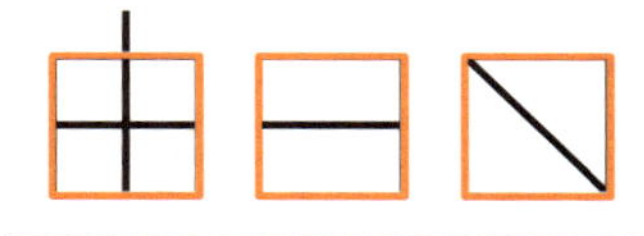

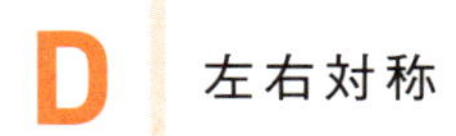

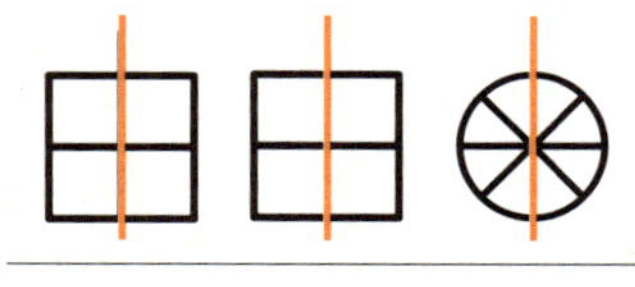

それぞれのルールは以下の通りです。

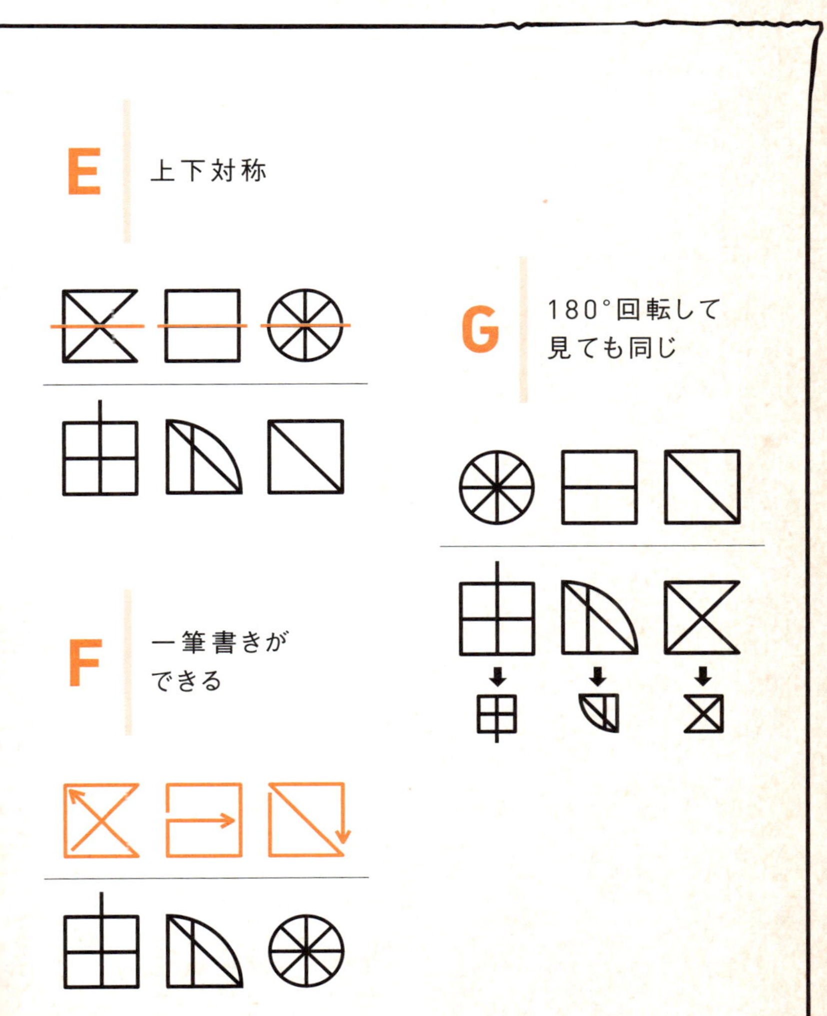

MEMO

他にも答えが見つかったら、思い付いたことを書いておこう!

発想力が必要な職業

どの仕事に就くとしても
発想力は大きな武器になる能力ですが、
その中でも特に発想力が必要になる職業は
以下の通りです。

小説家・漫画家・
脚本家・ゲームクリエイター

どれも、0から作品を生み出すことが求められる職業です。斬新な設定・アイデア・シナリオ・キャラクター・システムを盛り込まなければありきたりな作品となってしまうため、発想力で勝負する業界ともいえます。

商品企画・商品開発

今、存在していない便利な商品・画期的な商品を考えることが大切な商品開発。「アイデア商品」という言葉があるように、発想1つで大きな利益を生むケースも多く存在しています。商品のイメージ・アイデアを考える商品企画、そのアイデアを商品として形にする商品開発。そのどちらも、今ないものを生み出すための発想力が重要になります。

ちょっと休憩
ふぅ…
まなぶくん、疲れた？
楽しいけど、ちょっと…
もっと頑張らないと！
いえ、少し休みましょう
まあまあ…
いいの!?
無理をするのは一番よくないんだ
勉強に抵抗を感じるようになってしまうし、
適度な休憩で集中力が回復すると
考えられる、という研究結果もある
集中力
休憩
休憩
へー！

自主的に勉強できる子になるには、長期的に見るとその子の気持ちが一番大切
疲れたら休む、悩んでいるなら一緒に解決法を考えてあげる、とか
時間や量より、気持ちなのね
とはいえ休みすぎはよくないから、僕は「終わりのある遊び」で休憩しているよ。漫画1話だけ読む、小説1章だけ読む、ゲームをレベル1上がるまでやる、など
Lv.1
ゲーム!!
気分転換したら再開しよう ここからは少し難しい問題もあるけど、諦めずに挑戦してね!

第4章

試行錯誤力

この章で求められるのは、
答えが出なくても決して諦めずに
問題に取り組み続けるための
「試行錯誤力」。

手がかりを必要最小限にとどめた
難易度の高い問題が出題されますが、
ヒントを見るのは
しばらく時間がたってから。
すぐに投げ出さずに試行錯誤すること
を心がけましょう。

なぜ試行錯誤力が必要？

うまくいかなくても決して考えることを放棄せず、
問題に向き合い続けるために必要な「試行錯誤力」。
物理学者・アインシュタインが「私は天才ではない。
ただ人より長く1つのことに向き合っただけだ」と
語ったように、試行錯誤を続ける力があったことで
大きな発見・業績を成し遂げた人は多く実在します。

算数や数学では…

- 理解できなくとも投げ出さず、集中して考え続けることができるため、苦手分野の克服が早い
- 多くの人が解くのを諦めてしまう難しい問題に取り組み続けることができるため、答えを見てしまう人より実践的かつ効果的に、応用力を身につけられる

社会や日常生活では…

- 目の前に問題がある限り取り組み続けることができるので妥協が入らず、より良い商品・アイデアを生み出すことができる
- 物事がうまくいかなくても常に理由を分析して、よりよくなる方法を考え続けられるため、日常生活におけるあらゆる問題解決がうまくなる

つい「私にはできない」と
諦めてしまうことがありませんか？
大事なのは試行錯誤を決してやめない意識。
それを忘れず、問題を解き進めましょう！

QUESTION

例題

解答の目安
［8分］

4つの□に数字を書き入れて文章の内容が正しくなるようにしてください。

説明力
発想力
試行錯誤力
多角的思考力
想像力

このページには

1 が全部で □ つ

2 が全部で □ つ

3 が全部で □ つ

4 が全部で □ つ　あります

以下の通り

この問題では、数字を書き入れることでその数字も含めて成立しなければいけないこと、さらに「このページには」という書き出しで始まっていることから、文章の外にある情報にも注意する必要があることに気づけるかがポイントでした。
上の問題文にある4、そしてページ番号の111にも注意して□を埋めると、以下のようにすることで文章の内容を正しくすることができます!

17

解答の目安
［8分］

?に入る数字はいくつでしょう?

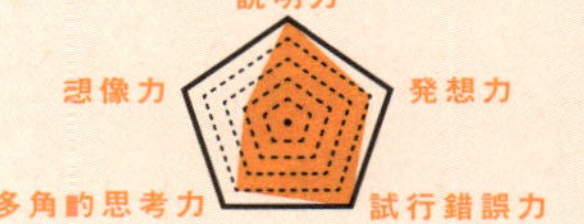

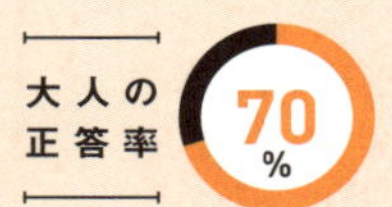

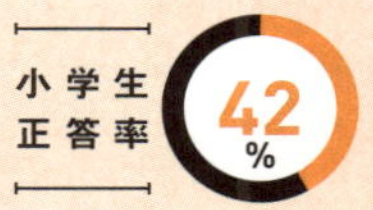

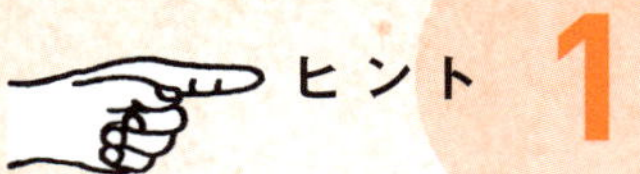

例から数字の並びに隠された2つのルールを読み取り、それを右の問題でも行う必要があります。

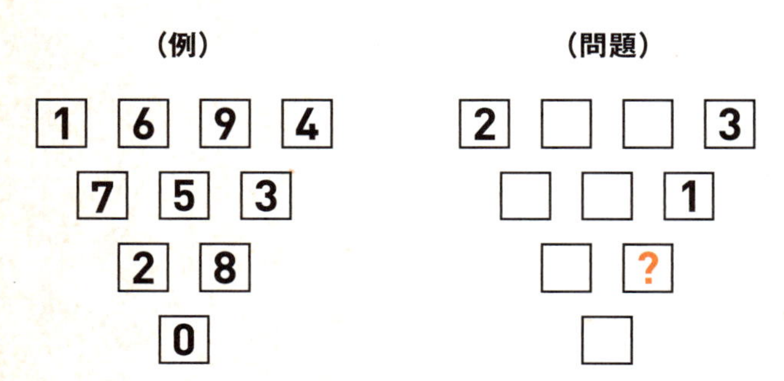

ヒント 2

上にある2つの数字から、下の数字が決まっています。

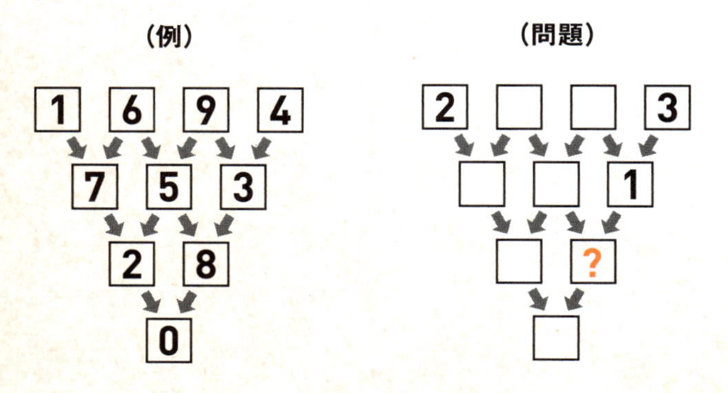

ヒント 3

10個の四角には、0から9までの異なる数字が入っています。

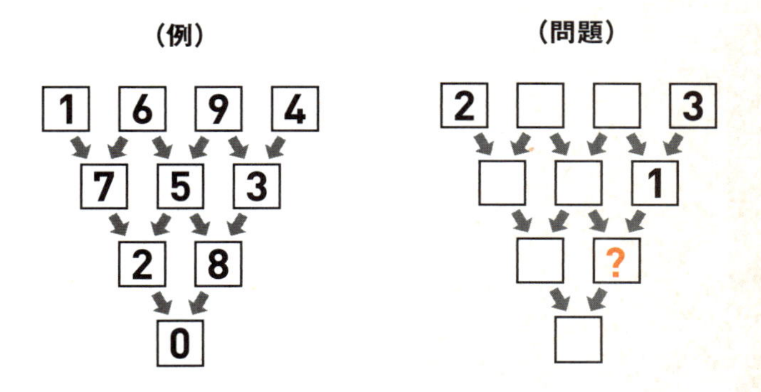

\ CHECK! /

[ノーヒントで正解 □　ヒントを見て正解 □　解答を見てわかった □]

ANSWER

6

この問題では、例から数字の並びに隠された2つのルールを読み取ることができるかが最大のポイントでした。

そのルールとは「上にある2つの数字の和の、一の位が下の四角に来ること」「0から9までの異なる数字が当てはまること」でした。

このルールを元に問題の四角にも数字を当てはめていくと、3の左には8が確定し、同様に8の左は7、下には5を入れないと異なる数字を当てはめることができなくなります。このようにしていくと、以下のように数字が確定し、答えは「6」でした!

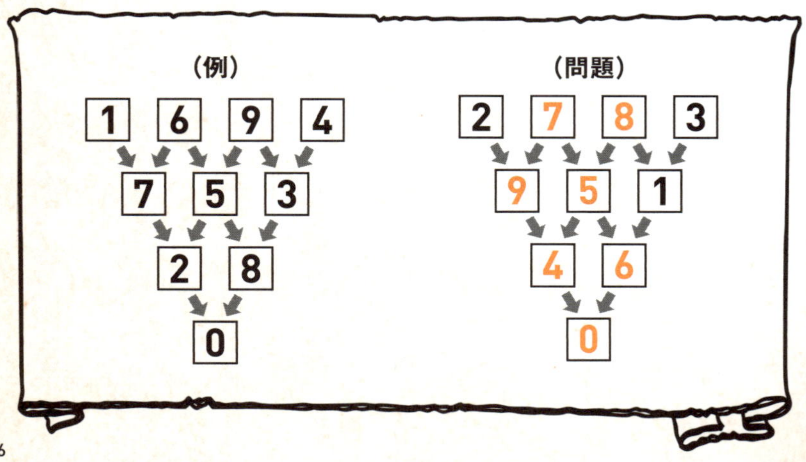

QUESTION

18

解答の目安
［8分］

?に入る数字は いくつでしょう？

説明力
想像力
発想力
多角的思考力
試行錯誤力

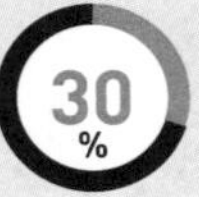

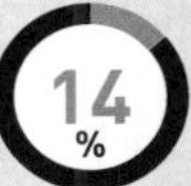

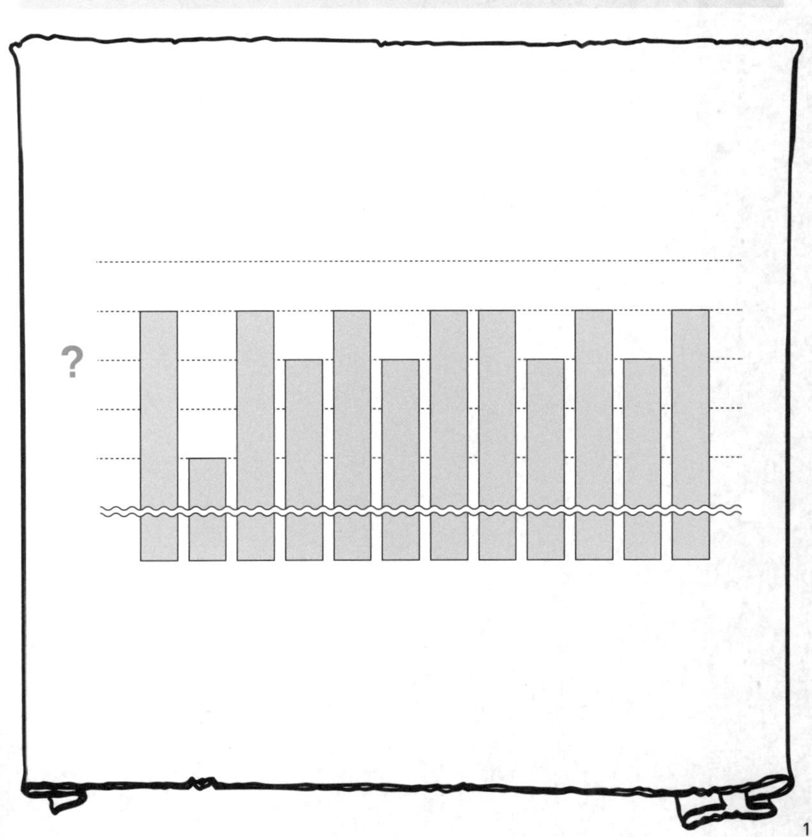

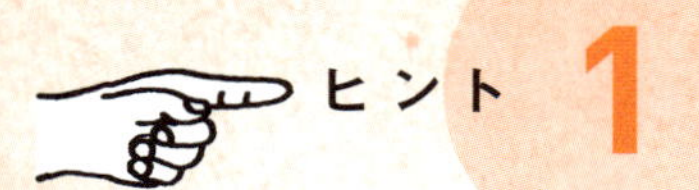

ヒント 1

棒グラフの棒が全部で何本あるか数えてみましょう。

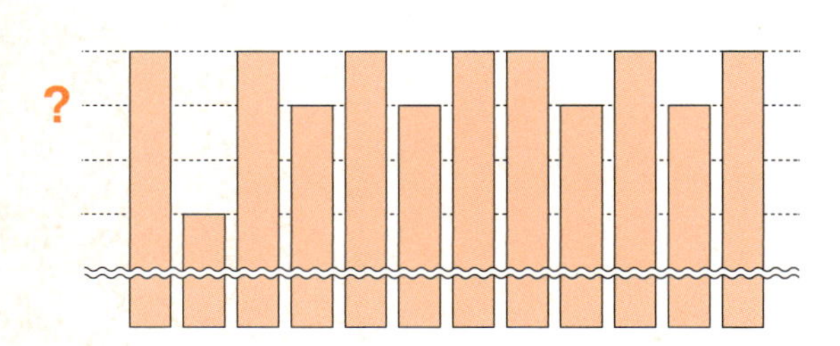

ヒント 2

図をさらにわかりやすくすると、下図のようになります。

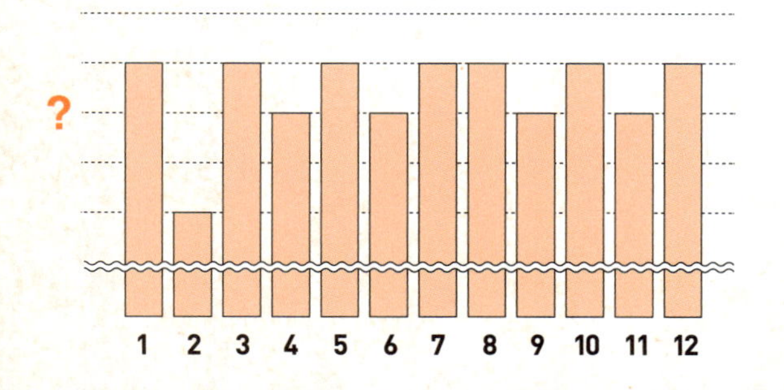

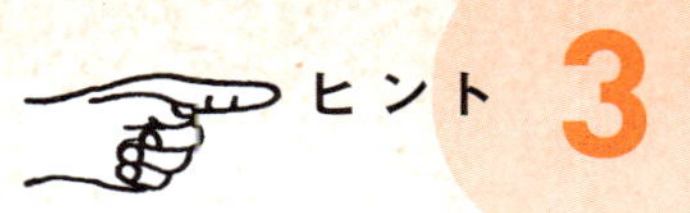

ヒント 3

1から12は、それぞれ1月から12月を表しています。

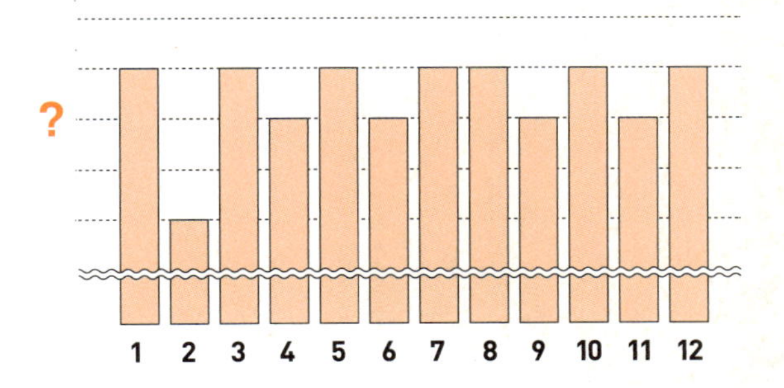

\ CHECK! /

ノーヒントで正解 ヒントを見て正解 解答を見てわかった

ANSWER

30

この問題では、12本ある棒グラフがそれぞれ1年365日の、1月〜12月の日数を表していることに気づけるかが最大のポイントでした。実際、下図のように全ての月で日数と対応していることがわかります。
よって、?に入る数字は「30」でした。

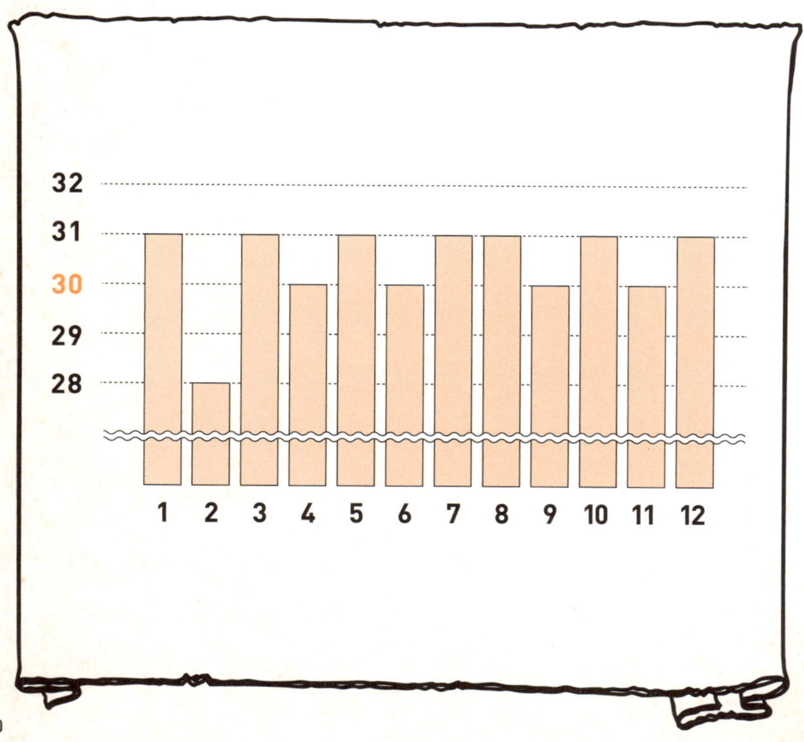

19

解答の目安
［5分］

?に入る図形は何でしょう？

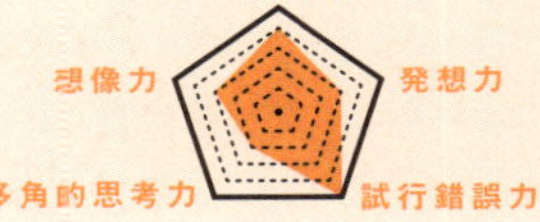

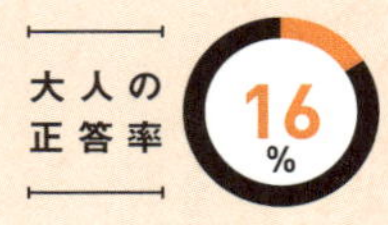

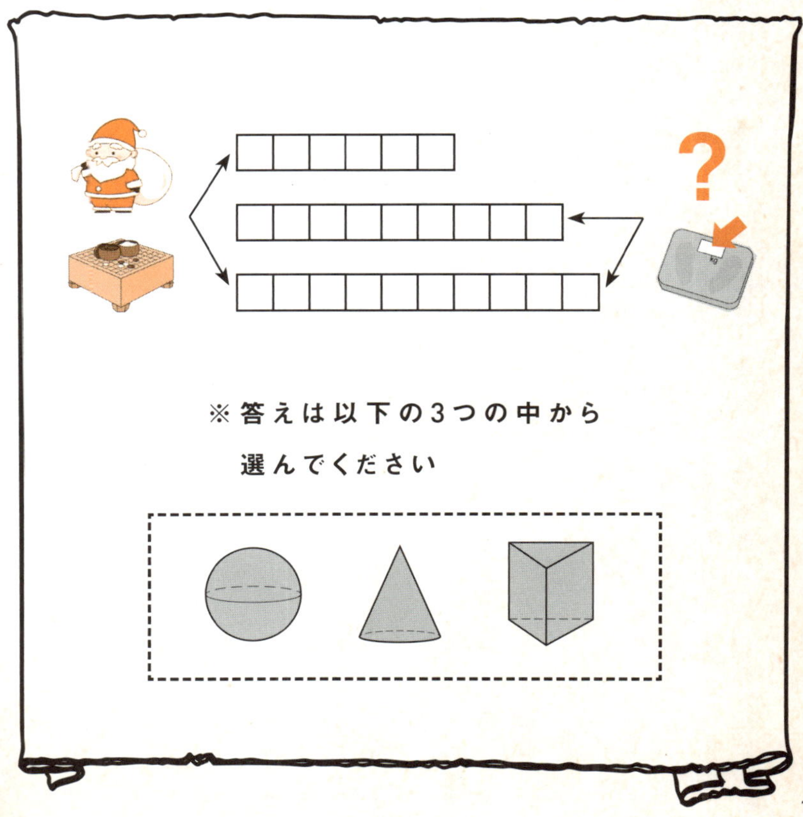

ヒント 1

それぞれのイラストが表しているのは、「サンタ」「囲碁（いご）」「体重」です。

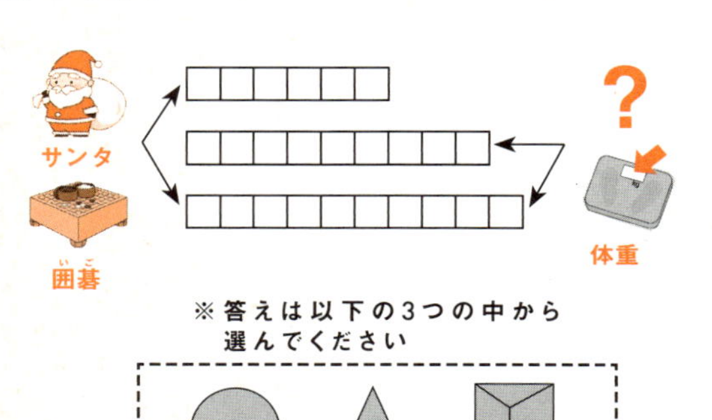

※答えは以下の3つの中から選んでください

ヒント 2

マスに文字は入りません。並んだマスの数が重要です。

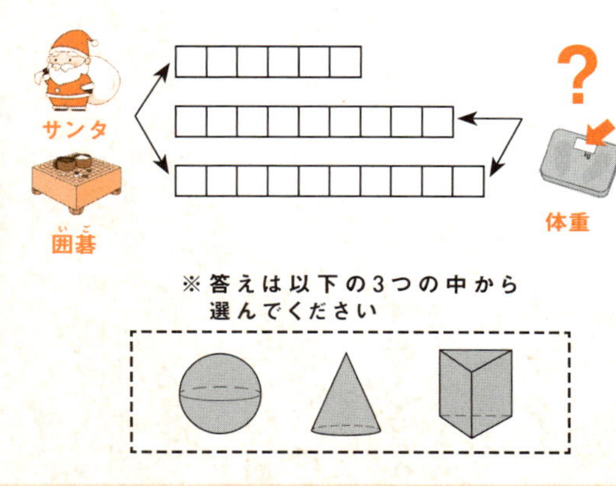

ヒント 3

上と下の行で、マスの数は「さんた」「いご」になっています。

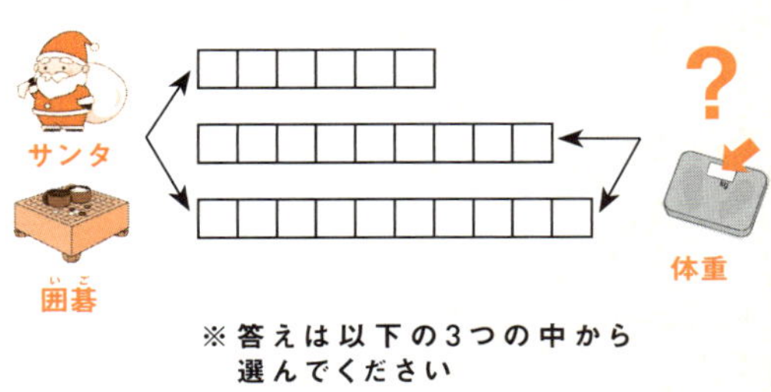

※答えは以下の3つの中から
選んでください

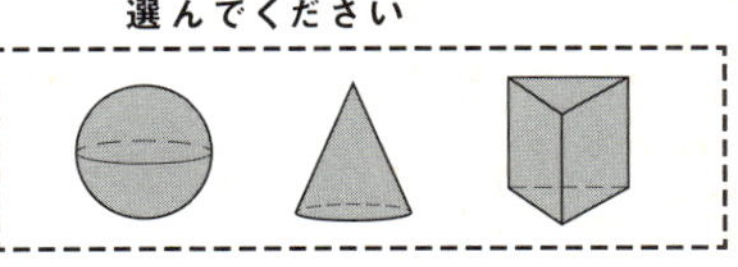

ANSWER

\ CHECK! /

ノーヒントで正解	ヒントを見て正解	解答を見てわかった
□	□	□

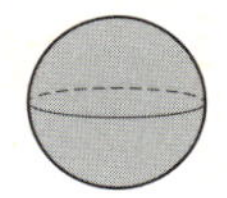

（球の図形）

この問題では、イラストが表す言葉を続けて読むことで、矢印の先にあるマスの数の比になっている、そのことに気づけるかが最大のポイントでした。
まず、左のイラストは「サンタ」「囲碁（いご）」。そして矢印の先にあるマスの数は6マスと10マスなので、その比は6：10＝3：5（さんたいご）となり、左のイラストが表すものと一致していることがわかります。同様に、真ん中と下にあるマスの数の比は9：10（きゅうたいじゅう）なので、右のイラストは「きゅう」「たいじゅう」。
よって、?に入るのは「球」の図形でした！

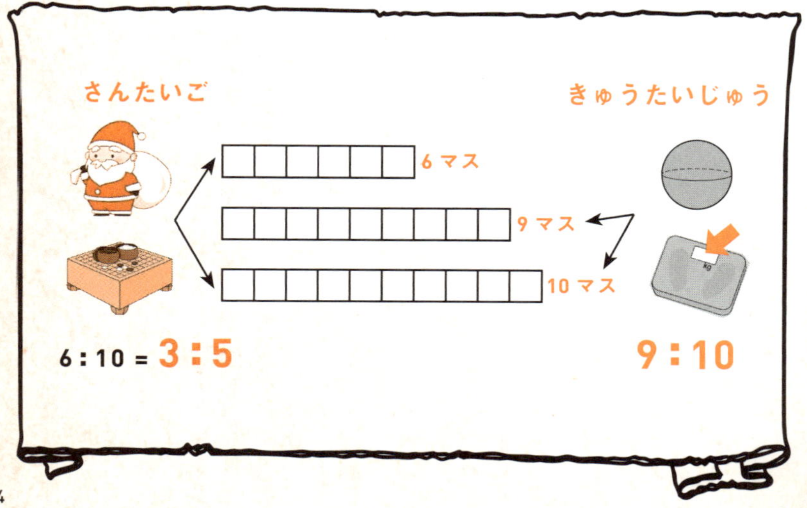

QUESTION

20

解答の目安
［5分］

このまま数字を増やしていくとき次に○がつく数はいくつでしょう？

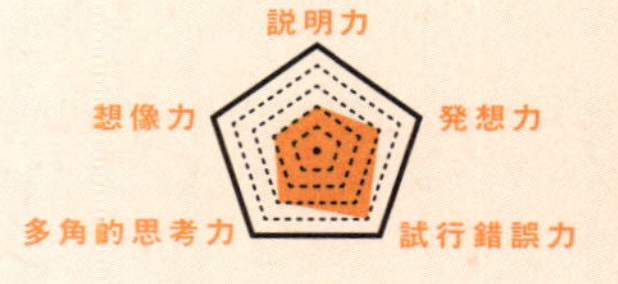

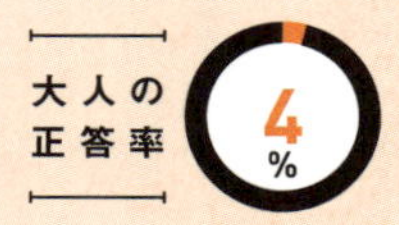

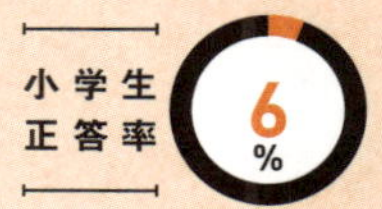

⓪ ① ~~2~~ ③ ④ ~~5~~ ⑥

⑦ ⑧ ~~9~~ ~~10~~ ~~11~~ ~~12~~ …

ヒント 1

○のつく数字は、全て「ある条件」を満たしています。
なお、20まで続けても、次の○は現れません。

7 8 9 10 11 12 13

14 15 16 17 18 19 20 …

ヒント 2

計算などを行う必要は一切ありません。数字であることにとらわれず、より柔軟に考えてみましょう。

7 8 9 10 11 12 13

14 15 16 17 18 19 20 …

ヒント 3

それぞれの数字を「ぜろ」「いち」「に」「さん」「よん」…とひらがなで書いてみましょう。

⓪ ① ~~2~~ ③ ④ ~~5~~ ⑥

⑦ ⑧ ~~9~~ ~~10~~ ~~11~~ ~~12~~ ~~13~~

~~14~~ ~~15~~ ~~16~~ ~~17~~ ~~18~~ ~~19~~ ~~20~~ …

\ CHECK! /

ノーヒントで正解	ヒントを見て正解	解答を見てわかった
□	□	□

ANSWER

1000

この問題では、○のつく数字に共通する法則を見抜くことができるかが最大のポイントでした。そのためには数字であることにとらわれず、柔軟に発想を転換する必要がありました。
それぞれの数字をひらがなで「ぜろ」「いち」「に」「さん」「よん」…と書いてみると、○のつく数字は全て、ひらがな2文字で表すことができる数だとわかります。
「はち」の次にひらがな2文字で表すことができる数字はしばらく現れず、「せん」でようやく現れます。
よって、正解は「1000」でした!

QUESTION

21

解答の目安
［8分］

?に入る数字は何でしょう。

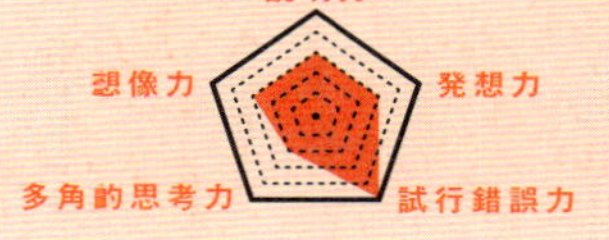

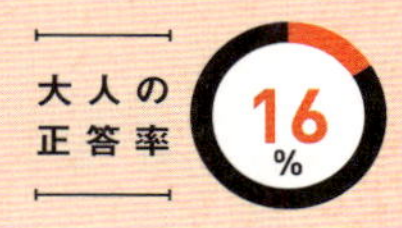

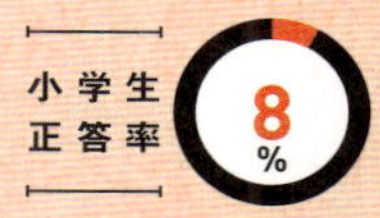

5 × 4 ＋ 3 × 2 － 1

◯ ＝ 45

◯ ＝ 45

◯ ＝ ?

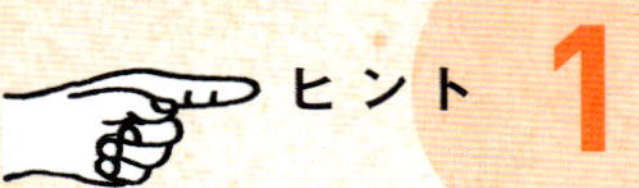

ヒント 1

式はそのまま計算すると25ですが、○○○の
それぞれの場合で式に変化が起こり、計算結果
も変わっています。

5 × 4 + 3 × 2 − 1

↑ ↑ ↑ ↑

○ = 45

○ = 45

○ = ?

ヒント 2

図をわかりやすくすると、下記のようになります。

5 × 4 + 3 × 2 − 1

↑ ↑ ↑ ↑

( ) = 45

( ) = 45

( ) = ?

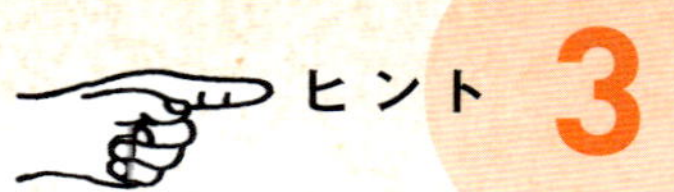

ヒント 3

＝の左側にある2色の曲線を、それぞれの色の矢印が指す場所に入れて計算してみましょう。

$$5 \times 4 + 3 \times 2 - 1$$

（赤）＝45
（橙）＝45
（橙）＝？

ANSWER

＼CHECK!／

[ノーヒントで正解 □　ヒントを見て正解 □　解答を見てわかった □]

69

この問題では、＝の左側にある2色の曲線を、それぞれの色の矢印がさす場所に入れることでカッコがついて計算の順序が変化する、そのことをひらめけるかが最大のポイントでした。
実際にやってみると以下のように式が変化し、それらの計算結果は＝の右側と一致しています。
よって?に入る数字は、黄色の位置と緑の位置にカッコを入れた場合の計算結果となり、「69」でした!

$$5 \times 4 + 3 \times 2 - 1$$

$$= (5 \times 4 + 3) \times 2 - 1 = 45$$

（$5 \times 4 + 3 = 23$）

$$= 5 \times (4 + 3 \times 2 - 1) = 45$$

（$4 + 3 \times 2 - 1 = 9$）

$$= 5 \times (4 + 3) \times 2 - 1 = 69$$

（$4 + 3 = 7$）

試行錯誤力が必要な職業

どの仕事に就くとしても
試行錯誤力は大きな武器になる能力ですが、
その中でも特にこの力が必要になる職業は
以下の通りです。

科学者・研究者

「未知のテーマ」を研究する科学者・研究者。新発見のために何度も実験を行って失敗を分析し、手法の改善を繰り返して、時には数十年も試行錯誤を重ねます。

経営者

大企業でも、時の流れとともに廃(すた)れたり、舵取りを間違えて倒産してしまう可能性のある会社経営。常に現状を見定め、今、何を削ぎ落とすべきか、どの分野を伸ばすべきかという時流に合わせた試行錯誤が求められます。

エンジニア

複雑なプログラム・製品の構築を求められ、エラーに悩まされることも多い職業。原因を分析してプログラムを書き換えるなど、完成までに相当な試行錯誤が必要です。

第 5 章

最終テスト

最後に、今までの力と総おさらいと
さらにその発展に挑みましょう。
ここでは今までの4つの
“考える力”に加えて
その考えをわかりやすく人へ
“伝える力”である
「説明力」も意識してみてください。
自分ならこの問題をどう解説するか？
それを考えながら問題を解くことで、
思考を論理的にアウトプットする
訓練を行うことができます。

なぜ説明力が必要？

脳内で情報を整理するための想像力、
物事を複数の視点から客観的に見つめる多角的思考力、
自由な発想でアイデアを生み出すための発想力、
ひたすらトライ＆エラーを繰り返す試行錯誤力。
これら4つの"考える力"を駆使することで、
素晴らしいアイデアをひらめくことができるはず。
その先で重要なのは、それを人に"伝える"説明力。
この力を鍛えることで、以下の効果が期待できます。

算数や数学では…

- 考え方も書かなければならない問題や、証明を求める問題で、採点者に伝わる答案を書くことができる
- 自分の言葉で説明できる部分はしっかりと理解できているところなので、裏を返せば説明に詰まってしまったところが苦手な部分・あやふやな部分だとわかり、細かな学習の穴も速やかに見つけられるようになる

社会や日常生活では…

- 発言の説得力が強くなるため、考えに賛同する人が増えるようになり、人がついてくるようになる
- 私的な感情論ではなく、論理的かつ客観的な意見を伝えられるので、知的な会話ができる人と認識される

さあ、いよいよ総仕上げ。
今までの章を軽く振り返って、
準備ができたら問題へ進みましょう！

QUESTION

22

解答の目安
［5分］

？に入る3文字をお答えください。

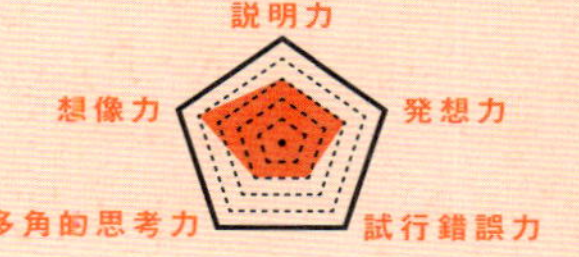

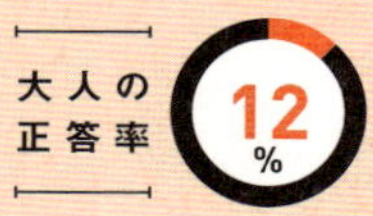

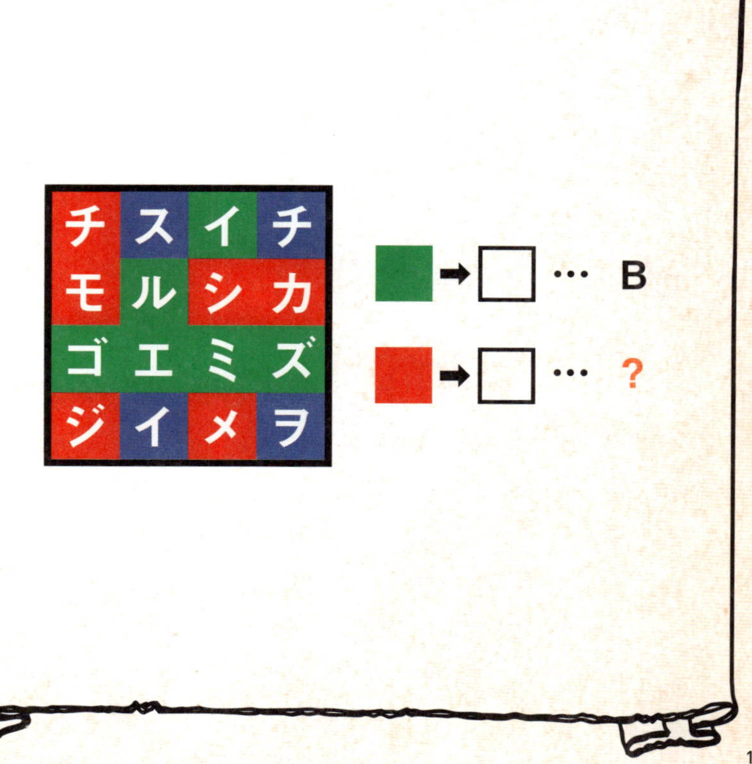

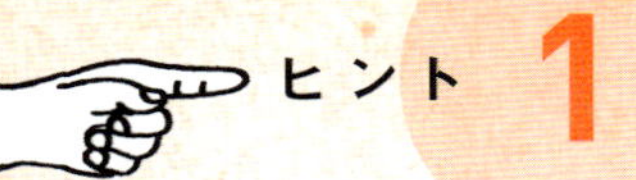

ヒント 1

右側にある2つの黒フチの正方形は、左の盤面の周りにある黒フチの正方形に対応しています。

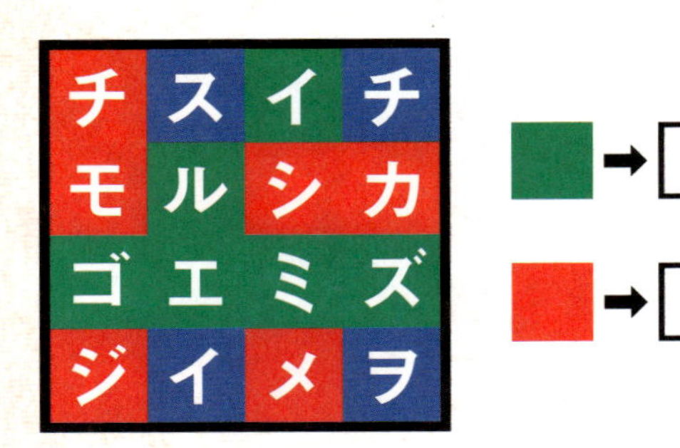

■→□ … B

■→□ … ?

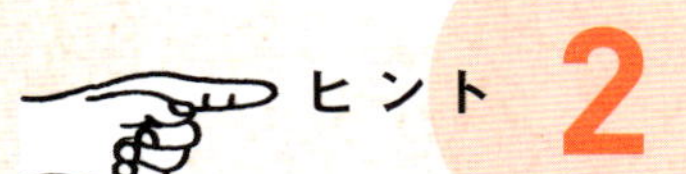

ヒント 2

■→□は、左側の盤面全体に緑色のシートを重ねることを表しています。

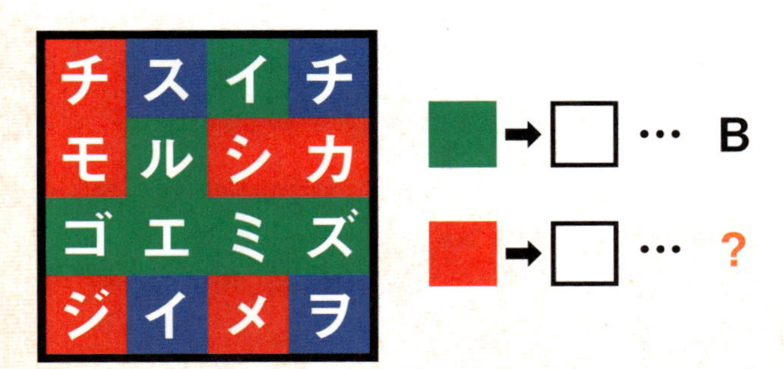

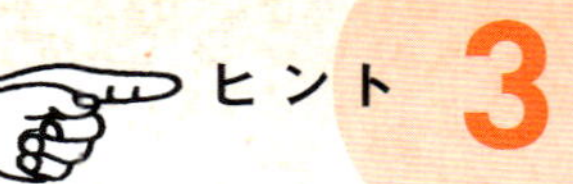

ヒント 3

緑色のシートを重ねると緑色が見えなくなり、文章が浮かび上がるはず!

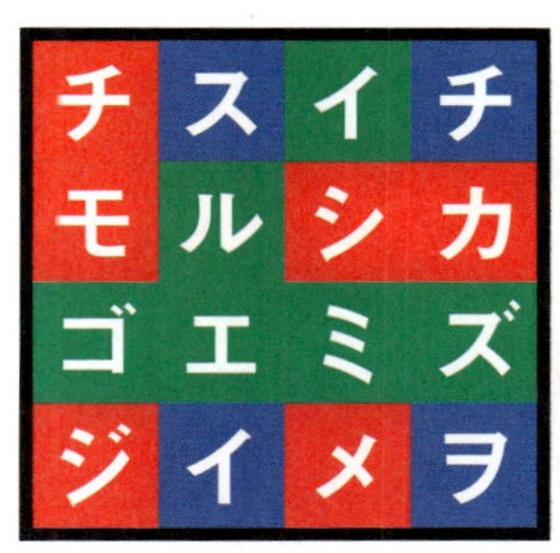

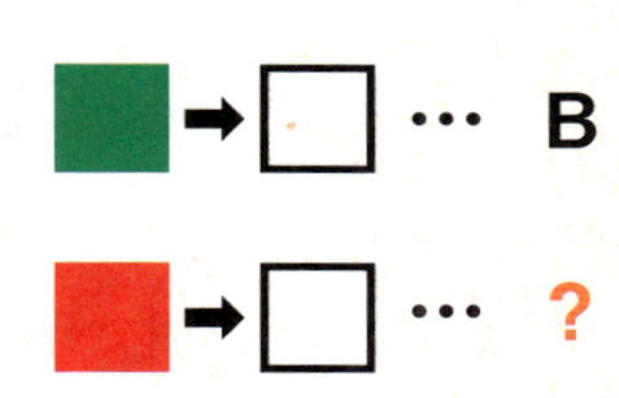

ANSWER

CHECK!

ノーヒントで正解 □ ヒントを見て正解 □ 解答を見てわかった □

MAP（マップ）

この問題では、右側の2つの行がそれぞれの色のシートを盤面に重ねることを表している、そのことに気づけるかが最大のポイントでした。

まず、緑色のシートを重ねた場合は下図のようになり、右上からタテに文字を読むことで「地下を示す1文字」という文章が浮かび上がります。地下を示す1文字は「B」であり、確かに問題に書かれていることと一致しています。同様に、赤色のシートを重ねた場合で考えると、下図のように「地図を意味する英語」という文章が浮かび上がります。

よって、答えは地図を英語にして、「MAP（マップ）」でした!

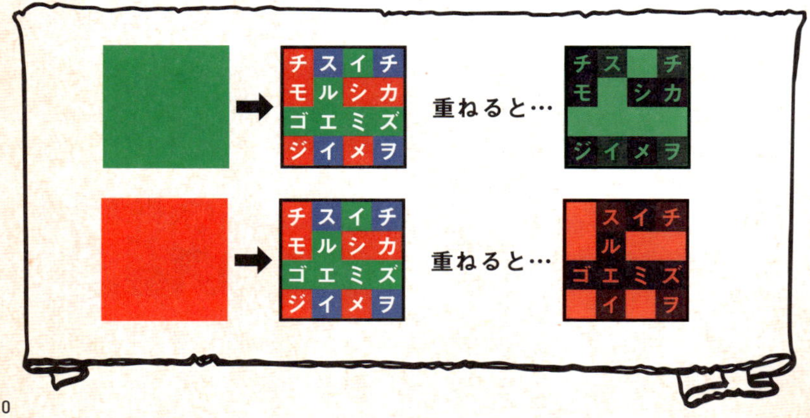

23

解答の目安
［8分］

□□□□が表す
カタカナ4文字を、
2通りお答えください。

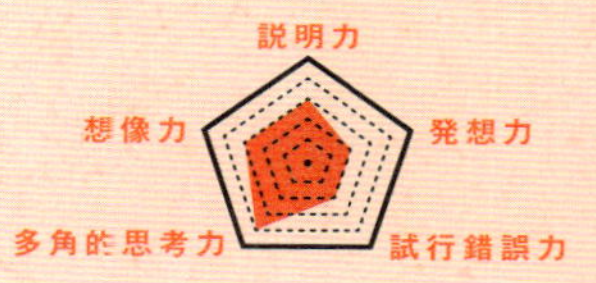

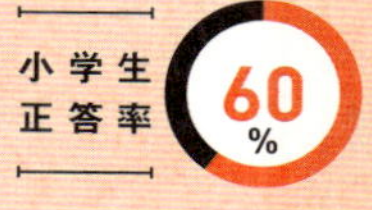

この問題の答えには、「小さい文字が含まれる答え」と「含まれない答え」があります。

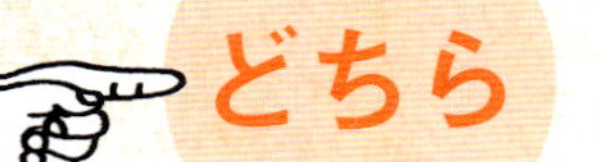

どちらの答えでも共通するヒント

左にある5つの言葉を、クロスワードの要領で右のマスに埋めましょう。

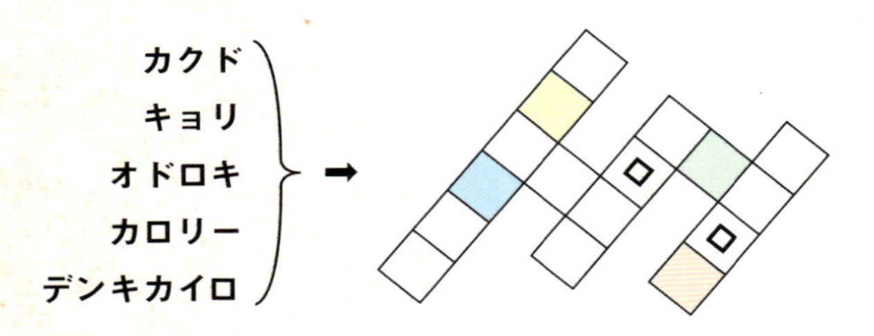

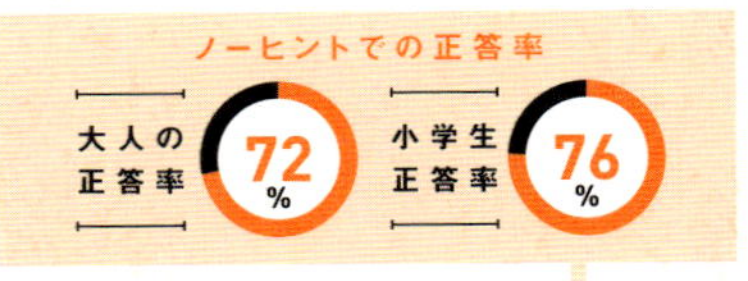

小さい文字が含まれる答えのヒント

5つの言葉のうち、「デンキカイロ」はヨコ書きで入ります。

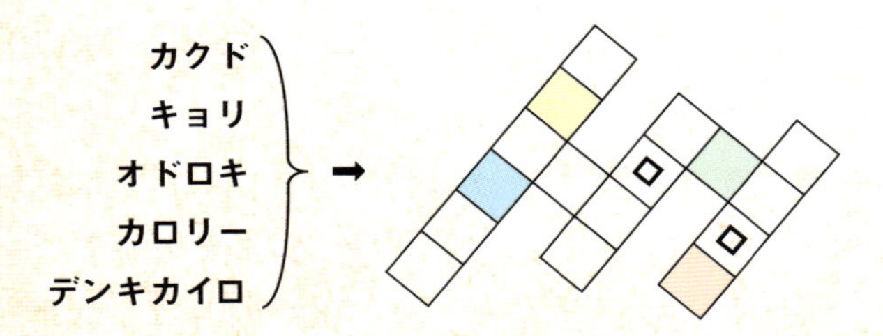

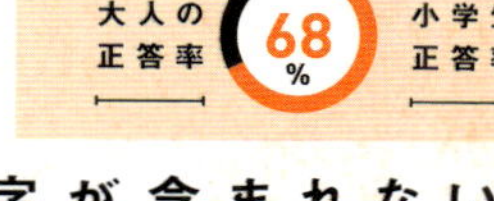

小さい 文字が含まれない答えのヒント

5つの言葉のうち、「デンキカイロ」はタテ書きで入ります。

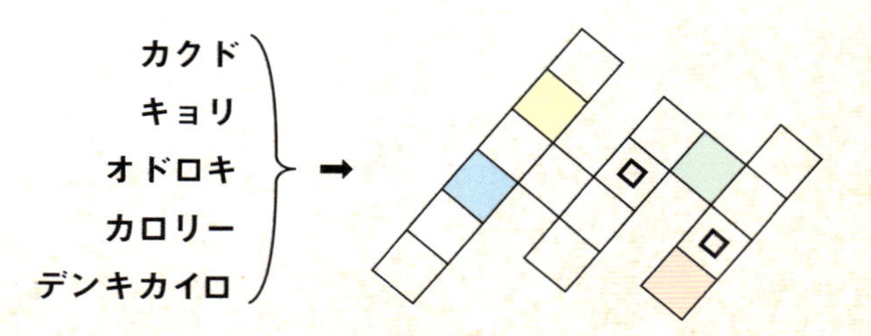

ANSWER

CHECK!

ノーヒントで正解 □　ヒントを見て正解 □　解答を見てわかった □

「カイキョ（快挙）」と「キンカク（金閣）」

この問題では、5つの言葉をクロスワードの要領で埋めるという点では一致していても、マス目の向きのとらえ方を変えることで、言葉の埋め方が2通りあるということに気づく必要がありました。

1つ目は「デンキカイロ」をヨコ書きで埋める方法。この場合は下左図のように当てはめることができ、色のついたマスを順に読んで答えは「カイキョ」。

2つ目は「デンキカイロ」をタテ書きで埋める方法。この場合は下右図のように当てはめることができ、色のついたマスを順に読んで答えは「キンカク」。

よって、この問題の正解は「カイキョ」と「キンカク」でした!

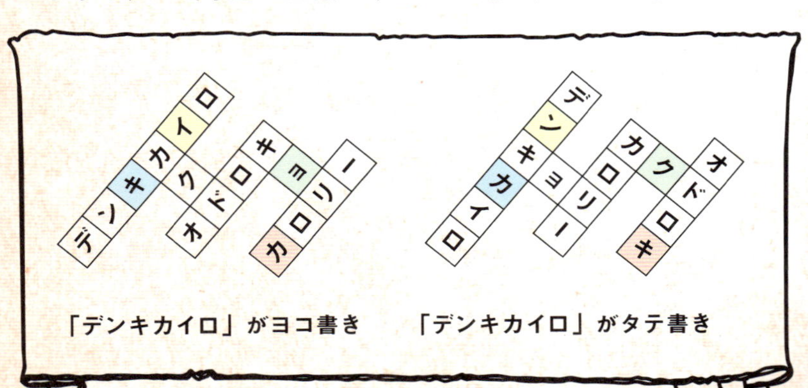

「デンキカイロ」がヨコ書き　　「デンキカイロ」がタテ書き

QUESTION

24

解答の目安
[5分]

❶❷❸❹が表す言葉は何でしょう？

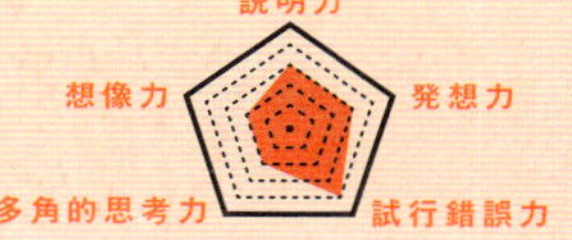

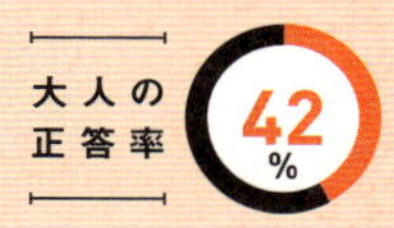

小学生
正答率
36
%

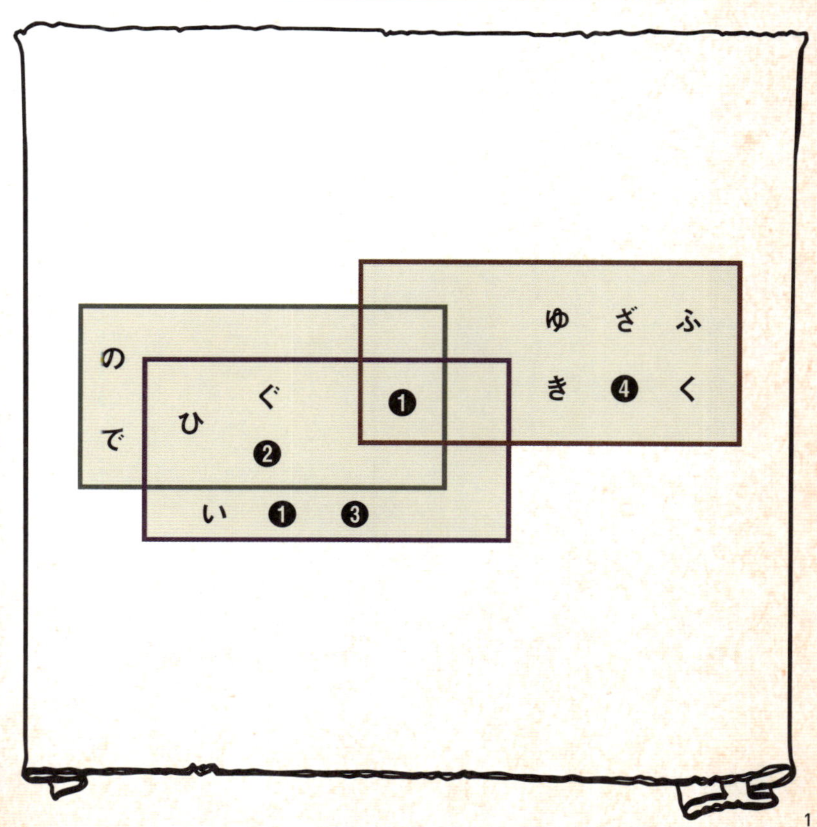

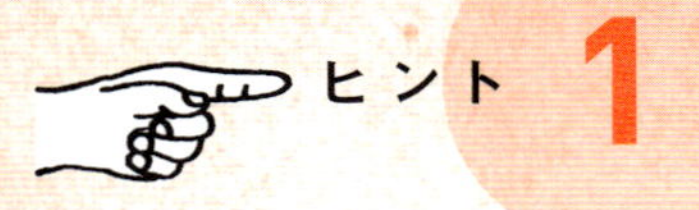

ヒント 1

深緑、紫、茶色の枠で、全部で3つの長方形が重なっています。2つ以上の長方形が重なる部分には、それらの長方形に共通する文字が当てはまります。

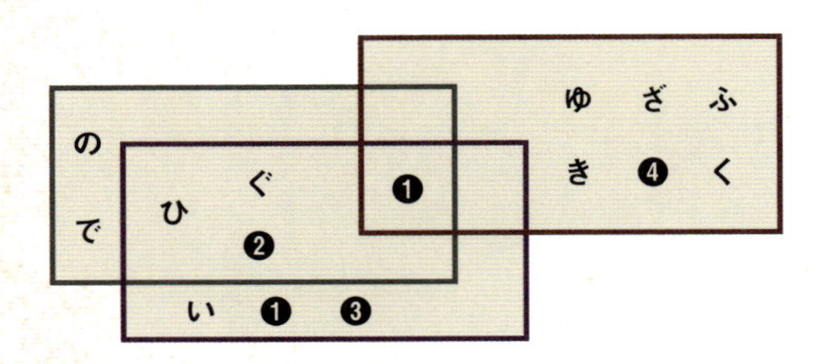

ヒント 2

3つの長方形が何を表しているか考えることが重要です。図のような横長の長方形で、やや黄色がかっているものといえば…。

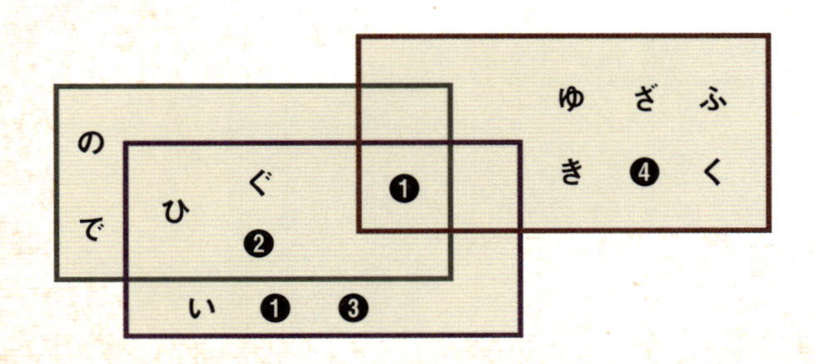

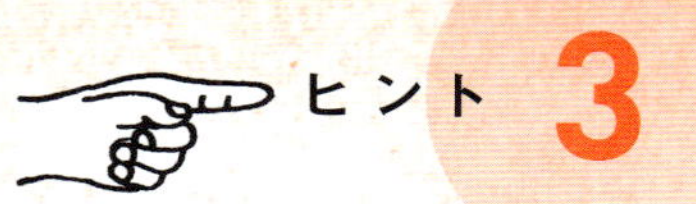

それぞれの長方形の中の文字を組み合わせると、
全て人の名前ができあがります。

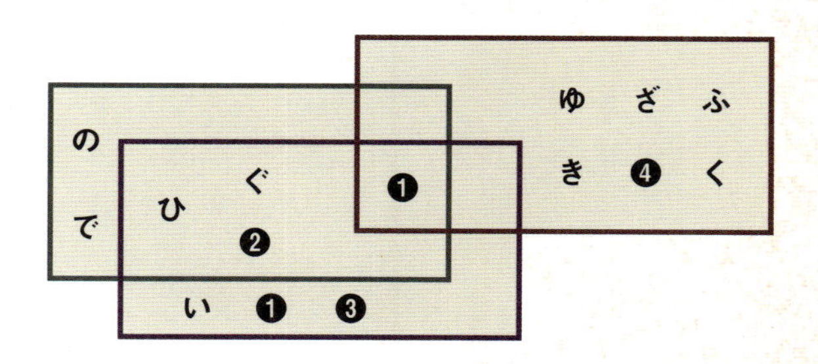

ANSWER

CHECK!

ノーヒントで正解 □　ヒントを見て正解 □　解答を見てわかった □

ちょうわ（調和）

この問題では、それぞれの長方形が日本の紙幣を表しており、その紙幣に書かれている人物の名前が長方形の中に入っている、そのことをひらめけるかが最大のポイントでした。
2つ以上の長方形が重なっている部分には、それらの人物に共通する文字が当てはまることに注目すると、下図のように当てはめることができます。あとは❶❷❸❹を順に読んで、答えは「ちょうわ（調和）」でした！
ちなみに、日本の紙幣は色とサイズがそれぞれ異なり、千円札は深緑色で76mm×150mm、五千円札は紫色で76mm×156mm、一万円札は茶色で76mm×160mmとなっており、今回の問題でも同じ色と比率を再現しています。

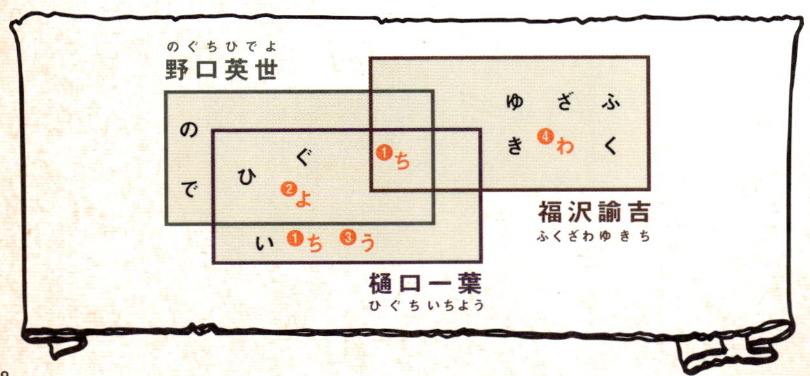

QUESTION

25

解答の目安
[5分]

この謎から導き出される言葉は何でしょう?

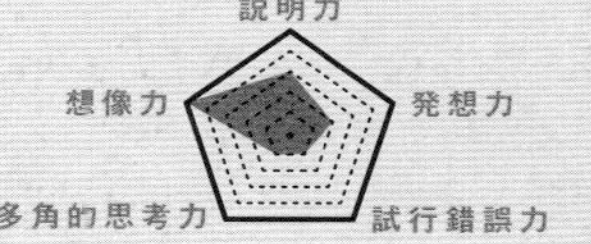

大人の正答率 20%

小学生正答率 8%

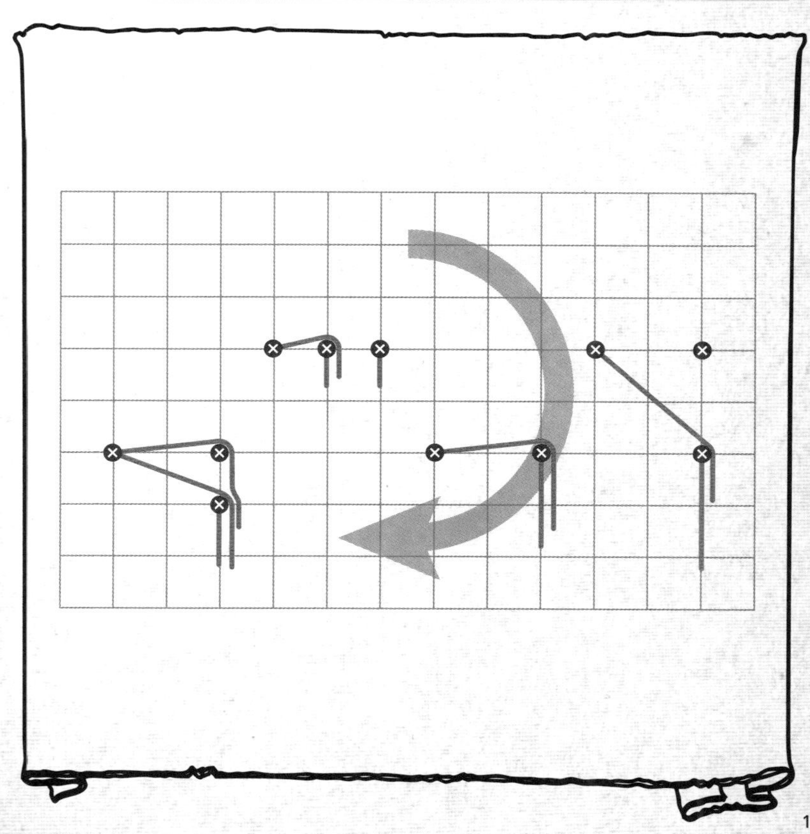

ヒント 1

問題に描かれているのは、ひもと釘と矢印ですね。
まずは矢印の意味を考えてみましょう。

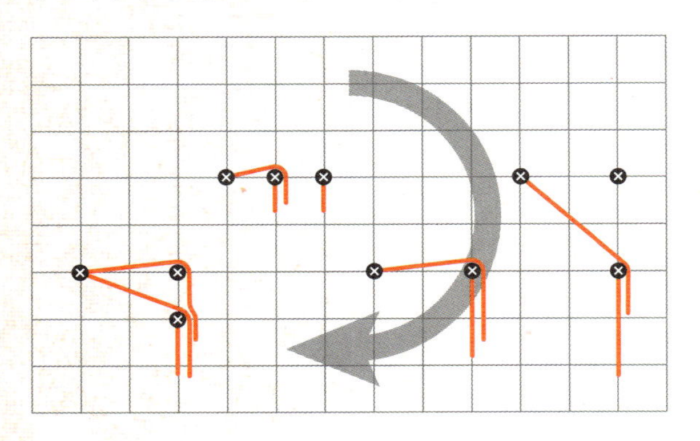

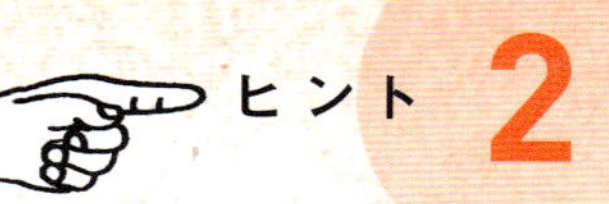

2

背景にある矢印にしたがって、この図をひっくり返すとどうなるか想像してみましょう。

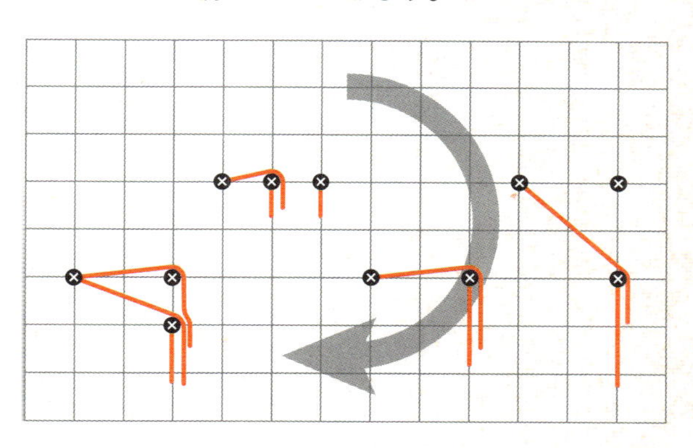

ANSWER

\ CHECK! /

[ノーヒントで正解 ■ ヒントを見て正解 ■ 解答を見てわかった ■]

トリック

この問題では、図の背景にある矢印にしたがって、図全体を時計回りに180°ひっくり返し、そのときのひもと釘の動きを想像することができるかが最大のポイントでした。
そのときの動きは下図のようになり、最終的にカタカナで「トリック」という文字が浮かび上がることがわかります。
よって、正解は「トリック」でした!

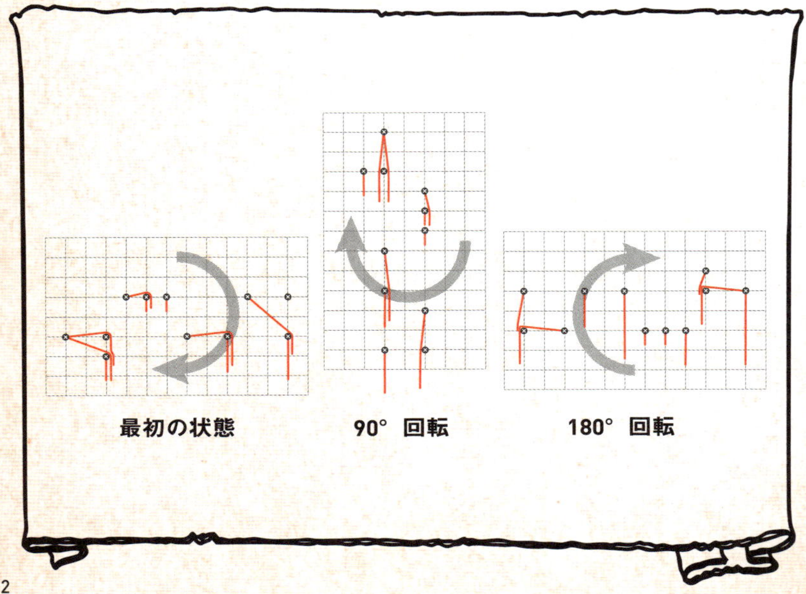

QUESTION

26

解答の目安
［10分］

次の6つの数字から4つを選んで答えが10になる計算式を作ってください。

［目標］5つの式を考えてみよう！

1 3 3 4 7 8

ルール

- 式で使える記号は＋－×÷と（）だけ
- 数字をつなげて2桁以上の数にしてはいけない

例 1334を選んだ場合…

$3 \times 4 - (3 - 1)$ など

実は4つの数字をどのように選んでも、
全ての場合で10を作ることができます。
それぞれで答えが10になる計算式を作ってみましょう。

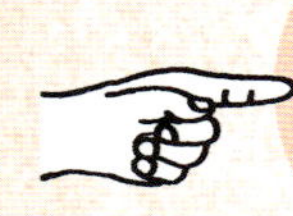

問題 A

大人の正答率 46%

小学生正答率 52%

1 3 3 4 7 8

式

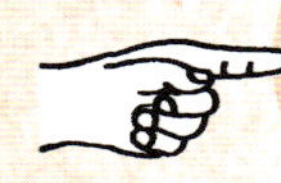

問題 B

大人の正答率

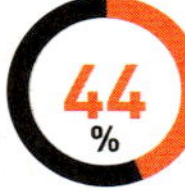

44%

小学生正答率 46%

1 3 3 4 7 8

式

問題 C

大人の正答率

32%

小学生正答率

48%

1 3 3 4 7 8

式

問題 D

大人の正答率 42%

小学生正答率 28%

1 3 3 4 7 8

式

問題 E

大人の正答率

40%

小学生正答率

30%

1 3 3 4 7 8

式

問題 F

大人の正答率

36%

小学生正答率

22%

1 3 3 4 7 8

式

問題 G

大人の正答率 28%

小学生正答率 10%

1 3 3 4 7 8

式

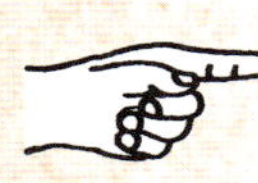

問題 H

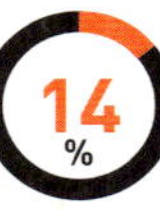

大人の正答率 14%

小学生正答率 14%

1 3 3 4 7 8

式

問題 I

大人の正答率 12%

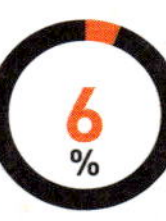

小学生正答率 6%

1 3 3 4 7 8

式

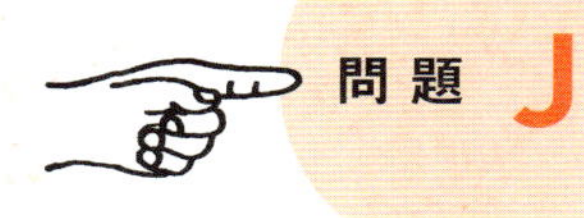

問題 J

大人の正答率

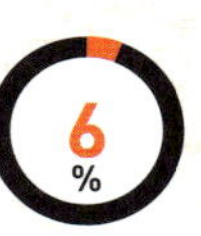

小学生正答率 2%

1 3 3 4 7 8

式

ANSWER

CHECK!

ノーヒントで正解 □　ヒントを見て正解 □　解答を見てわかった □

それぞれの解答例は以下の通りです。

A　$8+4-(3-1)$

B　$1+3\div3+8$

C　$7+8-(1+4)$

D　$3+3+8-4$

E　$3\times3+(8-7)$

F　$(7-4)\times3+1$

G　$7+4-3\div3$

H　$3\times(7-1)-8$

I　$(1+7\div3)\times3$

J　$(3-7\div4)\times8$

4つの数字と＋－×÷の計算のみで10を作るこの問題は、実は「テンパズル」と言われる有名な数字遊びです。

テンパズルでは、10を作るために様々な「試行錯誤」を繰り返す必要があり、固定のパターンにとらわれない柔軟な「発想力」も求められます。
さらに遊ぶ上で特別なものがいらず、適当に4つの数字さえ決めてしまえば遊ぶことができるため、数字に親しむための遊びとして打ってつけです。紙を使わずに頭の中だけで計算を行えば「想像力」を使った暗算の練習としても適しています。
僕も小学生くらいの頃、よくテンパズルで遊んでいました。

ちなみに、4つが全て異なる数字で0を含んでいなければ、必ず10を作ることができます。しかし、同じ数字が含まれていたり0がある場合には10を作れないこともあります。ですので、遊ぶときは4つとも違う数を選ぶことをオススメします。

自分で数字を選ぶのではなく、道端で見つけたナンバープレートや、切符に書かれている数字などを使って遊んでも楽しめると思います!

おわりに
全部解き終わったー！
ナゾトキって
頭使うのね
知識はなくても
ひらめきさえあれば解ける
だからこそ、いろいろな
角度から問題を考える
必要があるから頭を使うんだ
発想力とか、
多角的なんとかは
あんまり
解けなかったな…
うん、それでいいんだ
一番大切なのは、
解けるかどうかじゃない
いいの？

考えることを楽しむこと
中には算数で習うような
問題もあったんだけど、
ナゾトキの形なら
楽しめたんじゃ
ないかな？
うん、
すっごく楽しかった！
大学とか将来とか、
そんなことは後で大丈夫
まずは、考えることを
楽しんでほしい
それができれば、
勉強の楽しさも
わかっていくはずだよ
勉強しろって
言うだけじゃ
ダメなのね
僕、もっと
問題解きたい！

問題はこれで
全部なんだ
ええっ!!
でもナゾトキは、
解き終わっても
それでおしまいじゃない
ぜひ友達や家族にも
問題を出してみてほしい
問題を
出す？
人に問題を出すと、
また違った
発見があるんだ
そのとき、
ヒントと解説は
本を見ずに
自分の言葉で伝える
ことが大切だよ
なるほど
そこも自分で
考えるのね

相手がわかるように伝える…
出題を通してそれを実践することで、
日常のコミュニケーションに必要な
「説明力」をもっともっと鍛えることができる
僕も小さいとき、よく友達と問題を
出し合いっこしてたんだよ

明日さっそく
友達に出してみよっと

さて、今回はこれでおしまい
これからもいろいろな
ナゾトキを仕掛けていくから、
またの機会にお会いしましょう
それでは！

またね！

チェックシート

正解した問題をチェックして、それぞれの能力の合計点を計算してください。多角的思考力は全部解けたら、発想力は目標を達成したら正解となります。
解説は次のページへ!

	想像力	多角的思考力	発想力	試行錯誤力	説明力
1	5/2	1/0	2/1	1/0	3/1
2	5/2	2/1	2/1	3/1	4/2
3	5/2	1/0	2/1	2/1	2/1
4	4/2	3/1	2/1	2/1	3/1
5	5/2	3/1	2/1	3/1	3/1
6	5/2	2/1	2/1	4/2	5/2
7	2/1	4/2	2/1	1/0	2/1
8	1/0	5/2	3/1	2/1	2/1
9	2/1	4/2	3/1	2/1	3/1
10	3/1	5/2	4/2	2/1	3/1
11	1/0	4/2	2/1	2/1	2/1
12	2/1	5/2	3/1	3/1	3/1
13	2/1	3/1	5/2	4/2	4/2
14	2/1	3/1	5/2	4/2	3/1

\ 正解チェック /

ノーヒントで正解した場合は左、ヒントを見て
正解した場合は右の点数を合計してください。

ノーヒントで正解 ＿＿ / ＿＿ ヒントを見て正解

	想像力	多角的思考力	発想力	試行錯誤力	説明力
15	3/1	4/2	5/2	4/2	4/2
16	4/2	4/2	5/2	4/2	4/2
17	2/1	4/2	4/2	5/2	5/2
18	2/1	3/1	3/1	5/2	2/1
19	3/1	2/1	3/1	5/2	4/2
20	2/1	3/1	3/1	4/2	2/1
21	3/1	2/1	3/1	5/2	3/1
22	4/2	2/1	3/1	2/1	3/1
23	3/1	4/2	2/1	2/1	3/1
24	2/1	2/1	3/1	4/2	3/1
25	5/2	1/0	2/1	1/0	3/1
26	3/1	4/2	5/2	4/2	2/1
合計					

合計点数をチェック!

60点以上	かなり良い成績です。
40～59点	まずまずの成績です。
40点未満	苦手な分野です。下記のアドバイスを参考に、これから伸ばすことを意識しましょう。

想像力 ➡P12

この点数が低かった人は、頭の中で多くの情報を処理することが苦手な傾向にあります。でも大丈夫。実は、頭の中で同時に物事を考える力は、人によらずだいたい同程度の限界があることが知られています。人によって違うのはその効率。頭の中で何かを考えるときは、多くの情報の中から今考えるべき情報だけを取捨選択して、不要な情報に脳の容量を割かないように心がけてみましょう。
身近なところでは買い物での料金計算など、日常で紙に書いて整理したくなったときにぐっとこらえて、あえて頭で考える癖をつけると良い訓練になります。

多角的思考力 ➡P42

この点数が低かった人は、物事を複数の視点に立ってフラットに見ることが苦手で、ついつい自分の考えにとらわれてしまいやすい傾向にあります。今回のナゾトキのように、日常では答えが1つではない問題も多く存在します。日常の問題解決の中で「こうすればうまくいく」と思ったときに踏みとどまって「本当にいいのか? 別の観点で見るとダメだったりしないか」と常に自分を客観視する視点を取り込むことを心がけましょう。
身近なところでは普段から人と話すときに、相手がどう考えているか、なぜそう思うかを聞き出すことで、相手の視点を理解する癖をつけることが良い訓練になります。

発想力 ➡P74

この点数が低かった人は、アイデアを生み出すことに苦手意識のある人が多いのではないでしょうか。アイデアを発想するときに一番重要なのは、考える段階から質を意識しすぎないこと。世界一のアイデアマンとも称される発明家のエジソンも、アイデアの質は量からくると考え「何でもいいから小さな発明を10日に1つ生み出す」というノルマを設定していたそうです。実際、数をこなすことで改案として新たなアイデアが生まれたり、中から一番良いものを抽出することで結果的に質の高いアイデアにつながることもあります。
身近な訓練としては、発想力の章と同様に「言葉・数字を6つ決めてグループ分け」や「テンパズル」がおすすめ。ナゾトキや算数・数学の問題を自分で作ってみることも非常に有効です。

試行錯誤力 ➡P110

この点数が低かった人は、問題が解けないとすぐにヒントを聞きたくなってしまう、1つの物事を長時間突き詰めることの苦手な人が多いのではないでしょうか。試行錯誤力とは「自発的にいろいろ試し、答えが出るまで辛抱強く粘る力」。この力を鍛えるには、日常で難問や難題に直面したときにしっかりと立ち向かい、すぐに諦めない・投げ出さない意識を持つことが大切です。なお、うまくいかないときは同じ思考に留まり続けるのではなく、すぐに思考を切り替えることで問題解決が早くなるはずです。
身近なところでは、ナゾトキ・数学・パズルの中でも試行錯誤が必要な難しめの問題を解くことが良い訓練になります。

説明力 ➡P136

この点数が低かった人は、論理展開や思考過程を順序立てて整理し、自分の思っていることを分かりやすく相手に伝えることが苦手なタイプの人です。算数・数学の証明問題でもビジネスのプレゼンでも、もちろん日常の会話においても、この力は非常に重要です。
説明力を高めるための一番の近道は、説明がうまい人の話し方を参考にして、何をどういった順序で説明すると良いのか、その方法論を分析すること。特にニュース番組におけるキャスターの話し方を参考にするのが良いと思います。実際にこの本に載っているナゾトキ問題を他の人に出題してみて、ヒント・解説を自力でやってみるのも効果的でしょう。

[STAFF]
ブックデザイン　小口翔平＋岩永香穂＋喜來詩織(tobufune)
イラスト　佐藤おどり
撮　影　市瀬真以
スタイリング　杉山裕治
ヘアメイク　大室愛
黒板イラスト　とあ
校　正　東京出版サービスセンター
撮影協力　AWABEES
マネジメント　志波佳代子(カレッジ)＋土屋翔(カレッジ)
http://www.college-uc.com/
編　集　森 摩耶(ワニブックス)

楽しみながら考える力がつく!

東大 松丸式　数字ナゾトキ

松丸亮吾［著］

2018年12月9日　初版発行
2020年2月10日　4版発行

発行者　横内正昭
編集人　青柳有紀
発行所　株式会社ワニブックス
〒150-8482
東京都渋谷区恵比寿4-4-9 えびす大黒ビル
電話　03-5449-2711(代表)
03-5449-2716(編集部)
ワニブックスHP　http://www.wani.co.jp/
WANI BOOKOUT　http://www.wanibookout.com/

印刷所　株式会社 光邦
DTP　デジカル
製本所　ナショナル製本

定価はカバーに表示してあります。
落丁本・乱丁本は小社管理部宛にお送りください。送料は小社負担にてお取替えいたします。ただし、古書店等で購入したものに関してはお取替えできません。
　ISBN978-4-8470-9737-9